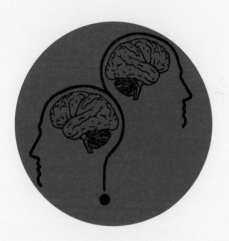

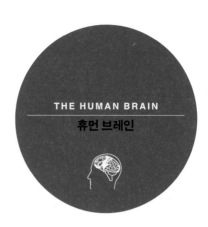

THE HUMAN BRAIN

휴먼 브레인

SCIENCE MASTERS

THE HUMAN BRAIN
A Guided Tour
by Susan A. Greenfield

THE HUMAN BRAIN

휴먼 브레인

—

수전 그린필드가 들려주는
뇌과학의 신비

수전 그린필드

박경한 옮김

도리스 그린필드와 레그 그린필드에게

이 책을 바친다.

뇌 는
신 비 롭 다

뇌는 신비롭다. 머리 깊숙이 숨어 있는 약하디 약한 존재에서 오감과 운동, 생각, 감정, 기억 등이 시시때때 일어나지만, 인간은 이 과정을 제대로 형언할 수 없었으며, 오히려 자신의 무지함을 금기로 현혹하고 오해로 합리화해 왔다. 사실 인류가 자신의 뇌, 즉 '휴먼 브레인'에 관해 정확한 지식을 축적하게 된 지는 1세기도 되지 않았다. 그리고 20세기 말, '뇌의 10년'이 시작되고서야 비로소 본격적인 뇌 연구의 막이 열렸다.

이 책의 저자인 수전 그린필드 박사는 그 무대의 중심에 서 있는 신경과학자로서, 특히 일반 대중이 쉽게 이해할 수 있는 뇌 관련 서적을 다수 출간해 왔으며, 그중 몇 권은 이미 국내 독자에게 소개되어 적지 않은 호응을 받은 바 있다. 저자는 이 책에서도 자신의 깊은 학식을, 셰익스피어의 후예답게 화려한 글 솜씨로 꾸며 놓았다. 독자는 이 책을 읽으면서 뇌의 기본 구성, 발생 과정, 신경 세포의 작용, 기능 등을 알게 될 것이다. 이것은 매우 방대한 내용이지만 저자는 비전문가인 독자를 배려하여 가능한 쉽고 간략하게 기술하였으며, 역자 본인도 저자의 의도에 충실하고자 노력하였다.

저자는 이 책을 일반 대중을 대상으로 기획하였다지만, 사실 그 내용이 그리 가벼운 것은 아니다. 저자의 깊은 지식과 미려한 문장을 역자의 얕은 재주로 옮기기가 쉽지 않았음도 솔직히 고백한다. 따라서 모든 독자가 한 번 읽고서 다 이해할 것이라고 기대하지는 않는다. 몇 차례 읽은 후에 뇌에 관한 기본 개념이 정립되고, 신경과학의 중요성을 인식하게 되었다면 역자로서 고마울 것이다. 그리고 뇌의 미래를 기대해도 좋을 것이다. 저자의 맺음말처럼, 우리의 모험은 이제 막 시작되었을 뿐이니까.

번역에 사용된 한글 용어는 2001년 대한의사협회에서 제정한 새 의학 용어를 기본으로 삼고자 했지만, 아직 일부 일본식 한자 용어가 대중 매체와 학계, 심지어 중고교 교과서에서조차 '나

랏말씀'으로 자리잡고 있는 현실을 반영할 수밖에 없었다. 더 정
확한 의미를 알고자 하는 분들을 위해 일부 중요한 영어 용어는 괄
호 속에 병기하였으니 참조하기 바란다.

대학로에서

박경한

집필 과정에서 조언을 준 옥스퍼드 대학 약리학교실 폴센(O. Paulsen) 박사, 인체해부학교실 테일러(J. Taylor) 박사, 생리학교실 스타인(J. Stein) 박사, 약리학교실 스미스(A. D. Smith) 박사 등 동료들에게 고마움을 표하고자 한다. 또한 하퍼콜린스(HarperCollins) 출판사 편집부의 수전 레비너(Susan Rabiner) 및 패트리샤 보자(Patricia Bozza)에게 심심한 감사를 드린다. 끝으로 변치 않는 후원자, 남편 피터에게 가장 큰 감사를 보낸다.

매혹적인
뇌

뇌에 매료된 사람은 참 많다. 하지만 가장 기초적이고도 널리 공인된, 뇌에 관한 지식에 접근할 수 있는 방법은 잘 알지 못한다. 접할 수 있는 책이라고는 필요한 기초 지식을 갖춘 생물학이나 의학 전공 학생들에게 더 적합한 전문 서적뿐이다. 일반인이 그 책을 펼쳐 들면 전문 용어의 홍수에 금방 기가 죽게 되는 것이 현실이다. 이러한 현실에도 불구하고 거의 모든 사람들이 뇌에 대한 관심을 놓지 않고 있다. 그 이유는 뇌라는 대상이 광범위한 주제이고 그 주제들 중 하나와 개인적 이해 관계가 얽혀 있는 경우가 많기 때문이다. 예를 들면 유아의 발달, 약물의 복용과 남용, 뇌졸중(뇌중풍), 정신분열병, 뇌 촬영, 의식의 육체적 근거 등이다.

이 책을 쓴 목적은 생물학자나 관련 전공자가 아닌 일반인을 자신의 머리뼈 안에 들어 있는 존재와 인사시키는 것이다. 나는 대중에게 뇌와 정신에 관한 기존의 지식을 소개하고, 첨단 전문 지식을 이용하여 해결할 수 있는 현실적 문제들을 제시하고자 한다. 나는 오랫동안 그러한 책의 집필을 구상하고 있었는데, 최근 두 가지 경험을 계기로 마침내 실행에 옮기게 되었다. 지난 1994년 나는 왕립 연구소 성탄절 특강의 연사로 초빙된 적이 있다. 1826년 이래 광범위한 과학적 주제를 다루어 온 이 특강 제도는 청소년층의 큰 호응을 받았으며, 최근 30여 년 동안은 BBC에서 텔레비전을 통해 중계하기도 했다. 이 특강 제도는 단지 일반적인 강의와의 차별성 때문만이 아니라, 첫 연사였던 마이클 패러데이(Michael Faraday) 이후로 청중의 참여, 작동 모형, 골동품, 다양한 이국적 동물 등을 활용한 공개 실연을 강조해 왔기 때문에 영국 사회의 한 제도로 확고히 자리 잡게 되었다.

이 책을 이루는 다섯 개의 장은 각각 다섯 강좌에 큰 뿌리를 두고 있다. 그러나 성탄절 특강의 취지와 이 책 사이에는 몇 가지 근본적 차이가 있다. 우선 특강의 대상이 10대 청중이었던 반면, 이 책은 성인 독자를 대상으로 씌어졌다. 또한 살아 있는 독수리와 올

빼미가 주는 즐거움을 글로 표현할 수는 더더욱 없다. 따라서 나는 광범위한 현상과 원리의 설명보다는 뇌를 연구하는 '철학적인' 의미에 더 주안점을 두었다. 다시 말해서 어떻게 뇌에서 '마음(정신)'이 일어나는지에 관해 다양한 방식으로 자유롭게 추론했다. 이미 확립된 사실을 독자가 받아들이는 대신 흥미를 가지고 스스로 질문하고 생각하도록 하기 위해 이러한 계획을 세운 것이다.

이러한 접근 방식은 내가 대중에게 뇌에 관한 강연을 할 두 번째 기회를 맞음으로써 더욱 구체화되었다. 1995년 나는 런던에 있는 그레셤 칼리지의 의학 교수로 임명되었다. 엘리자베스 1세의 재정 고문이었던 토머스 그레셤(Thomas Gresham) 경의 유지에 따라, 당시로서는 신학문에 해당했던 각 분야를 대표하는 여덟 명의 교수가 런던에서 무료로 대중에게 강의를 했다. 이 기회를 통해 나는 처음 강의를 듣는 사람이라도 누구나 쉽게 이해할 수 있는, 뇌에 관한 입문 강좌를 지난 2년간 진행해 왔다. 그 결과 대중이 궁금해 하고 관심있어 하는 특정 주제를 파악할 수 있는 소중한 기회를 갖게 되었다. 이러한 경험은 내가 자료를 고르고 정리하는 데 큰 도움이 되었다.

1장에서는 맨눈으로 관찰할 수 있는 뇌의 구조를 알아보고 뇌의 여러 부위 사이의 관련성을 탐구할 것이다. 과연 각각의 부위가 서로 다른 기능을 갖고 있을까? 2장에서는 운동과 시각 같은 대표적인 특정 기능을 검사하고 이 기능들이 뇌에서 어떻게 다루어지는지 알아봄으로써, 뇌의 부위별 기능을 파악하는 문제를 다룰 것이다. 3장에서는 맨눈으로 볼 수 있는 뇌의 부위를 벗어나 현미경으로 볼 수 있는 구조를 다룬다. 뇌를 형성하는 기본 단위인 뇌 세포들이 서로 정보를 교환하는 방식과, 이 정보 교환이 약물에 의해 변화되는 양상에 대해 알아볼 것이다. 4장에서는 하나의 수정란에서 뇌가 발생하는 과정을 추적할 것이다. 뇌가 경험을 통해서 끊임 없이 변화하면서 개인의 본질을 결정짓는 과정을 관찰함으로써 일생 동안 이어지는 뇌의 운명을 살펴볼 것이다. 5장에서는 기억이란 무엇이며, 어떻게 일어나고, 뇌의 어느 부위에서 일어나는지를 조사하여 개인적 차별성을 다시 추적할 것이다. 우리가 마음의 육체적 근거에 대해 어렴풋이나마 알 수 있게 된 것은 바로 이 기억을 통해서다.

뇌는 여전히 풀리지 않는 수수께끼로 남아 있다. 일생 동안 뇌를 연구한 학자들도 많이 알면 알수록 모르는 것이 더 많아진다고 느끼고는 한다. 이것은 머리 하나를 자르면 그 자리에서 다시 일곱 개의 머리가 자라는, 그리스 신화의 괴물 히드라와 비슷한 점이 있다.

　이 책은 인간의 개성이나 성격의 전모를 밝히는 비서(秘書)가 아니며 쉬운 해답을 약속하지도 않는다. 하지만 이 책이 우주에서 가장 흥미진진한 존재에 관한 호기심을 키우고 음미하는 데 도움이 되기를 바란다.

수전 그린필드

옮긴이의 말   **뇌는 신비롭다**   6

감사의 말   9

머리말   **매혹적인 뇌**   10

1 | **뇌 안의 뇌**   19

2 | **시스템의 시스템**   61

3 | **흥분과 흥분파**   107

4 | **세포 위의 세포**   147

5 | **마음의 주춧돌**   187

맺음말   **미래를 향하여**   224

참고 문헌   229

그림 출처   231

찾아보기   232

THE HUMAN BRAIN

휴먼 브레인

1
뇌 안의 뇌

뇌는 어떻게 작용할까? 뇌가 실제 하는 일은 무엇일까? 지난 수세기 동안 수많은 사람들이 이 의문들에 매혹되어 답을 얻기 위해 씨름해 왔다. 그리고 마침내 우리는 인간 지성의 마지막 미개척 분야라고 할 수 있는 존재와 대적할 수 있는 전문 지식을 갖추게 되었다. 더구나 우리에게는 그럴 동기도 있다.

사람의 수명은 점차 길어지고 있다. 하지만 수명의 연장이 반드시 좋은 것만은 아니다. 파킨슨병이나 알츠하이머병과 같이 뇌의 기능이 손상을 입는 비참한 노인병 환자도 수명의 증가와 함께 더욱 흔해지고 있기 때문이다. 또한 현대의 각박한 삶으로 인해 우울증과 불안 같은 정신 질환도 크게 늘고 있다. 뿐만 아니라 기분을 조절하는 약물에 의존하는 사람들도 증가하고 있다. 이런 까닭에 뇌를 더 자세히 이해하는 것은 절실히 필요한 일이 되었다. 1990년 7월 17일, 당시 미국 대통령이었던 조지 부시는 뇌 연구의 결과로 누리게 될 혜택을 대중이 더 많이 알 수 있도록 모든 노력을 기울여야 한다고 천명했다. 그리고 '뇌의 10년'이 시작되었다. 뇌에 관한 대중적 관심이 공식화된 것이다.

　　인체의 다른 부분과는 달리 맞춤 제작된 머리뼈 안에 들어 있는 뇌는 달걀 반숙처럼 부드러우며 어느 부분도 움직이지 못한다. 따라서 뇌가 물리적 긴장을 일으키거나 대규모의 기계적 작용에 관여하지 않는다는 것은 분명한 사실이다. 그리스 인들은 이렇게 약하고 신비한 물질이 영혼이 존재하기에 완벽한 장소라는 결론을 내렸다. 여기서 가장 중요한 점은 영혼이 불멸의 존재이며 생각과는 무관하다고 생각했다는 것이다. 사실 당시 그리스 인들은 현재 뇌가 담당하는 것으로 밝혀진 기능이 모두 심장이나 폐에서 비롯된다고 믿었다(하지만 정확히 어디에 있는지 단정짓지는 못했다.). 불멸의 '영혼'은 당연히 신성하고 난해하기 때문에 말 없는 잿빛 뇌는 신비에 가까운 특성과 함께 큰 주목을 받았다. 따라서 그리스 인들은 동물의 뇌를 먹는 것을 금기시했다. 그리스 인들이 생각한 영혼은 '의식'이나 '마음', 현재 개성이나 성격과 관련된다고 판단되는 기타 모든 특성과는 분명히 다른 존재였다.

정상 정신 작용이 뇌와 무관하다는 기존의 잘못된 믿음은 크로톤의 알크마이온(Alcmaeon)이 중요한 사실을 발견하면서 바뀌게 되었다. 알크마이온은 눈이 뇌에 연결되어 있음을 발견했다. 그는 이 사실을 근거로 뇌에서 생각이 일어난다고 주장했다. 이 혁명적인 주장은 이집트의 해부학자 헤로필로스(Herophilus)와 에라시스트라투스(Erasistratus)가 관찰한 사실과 잘 부합되었다. 이들은 뇌에서 신체 여러 곳으로 이어지는 신경(당시에는 이것이 신경인지 몰랐다.)을 관찰했다. 그런데 뇌가 생각이 일어나는 중심이라면 영혼은 대체 어디에 있단 말인가?

그리스 의사 갈레노스(Galenos, 129~199년)는 가장 약하고 애매하며, 맨눈으로도 볼 수 있는, 뇌의 한 부분에 주목했다. 뇌 속에는 미로처럼 복잡하게 연결된 공간이 존재하며 그곳에 무색의 액체가 들어 있다. 이 무의미해 보이는 액체는 뇌와 척수의 바깥면 전체를 감싸 안으며 흐르는 뇌척수액이다. 척수의 아랫부분에서 요추천자(허리천자)로 뇌척수액을 조금 뽑아내서 검사하면 여러 가지 신경 질환을 진단할 수 있다. 뇌척수액은 혈관으로 흡수되어 들어

가고 분당 0.2밀리리터의 속도로 꾸준히 새로 만들어지기 때문에 끊임없이 순환한다.

당시 신비로운 뇌척수액이 무의미한 것 같고 물렁물렁한 뇌보다 영혼이라는 존재에 더 적합하다고 생각했음은 추측하기 어렵지 않다. 하지만 지금은 뇌척수액에 염분, 당, 단백질 등만이 들어 있다는 사실이 밝혀져 있으며, 영혼의 보금자리는커녕 '뇌의 소변'이라는 천박한 표현으로 불리기까지 한다. 오늘날 영혼의 불멸성을 믿는 사람들도 영혼이 뇌 안에 있다고 생각하지는 않는다. 우리의 모든 생각과 감정을 관장한다고 굳게 믿어지고 있는, 불멸하지 않는 뇌는 가장 흥미로운 수수께끼다.

나는 이 책에서 뇌가 어떻게 작용하는지에 대해 어느 정도의 답을 얻을 수 있는지를 다루려고 한다. 그러나 이 문제는 너무 광범위하고 모호해서 실제 실험이나 관찰을 통해 해결할 수 없다. 대신 우리가 할 일은 더 구체적인 세부 문제들과 씨름하는 것이다. 세부적 문제이기는 하지만 인격의 본질이 숨어 있는 비밀스러운 조직을 이해하는 데 도움이 될 것이다.

이 장에서 처음 알아볼 주제는 뇌의 형태다. 양손에 뇌를 올려놓고 관찰한다고 상상해 보자. 평균 1.3킬로그램의 회색 표면에 주름이 많은 물체가 보일 것이다 그림 1. 뇌를 처음 본 사람이라면 한 손으로도 들 수 있을 정도로 작은 기묘한 물체가 독특한 모습과 짜임새를 보이는 여러 부분들로 이루어져 있으며, 알듯말듯한 틀에 따라 각 부분들이 서로 접히고 맞물려 있다는 인상을 받을 것이다.

뇌는 껍질 안의 날달걀처럼 물렁물렁하며 그 기본적인 틀은 항상 일정하다. 절반으로 뚜렷하게 구분되는 좌우 대뇌 반구와, 줄기처럼 대뇌 반구를 받치고 있는 굵은 뇌간(뇌줄기)이 존재한다. 뇌간은 아래로 내려가면서 가늘어져 척수로 이어진다. 그 뒤에는 잎사귀 모양의 소뇌가 대뇌 밑에서 위태롭게 튀어나와 있다.

소뇌, 뇌간, 대뇌 반구의 표면을 살펴보면 그 구성이 다른 것은 물론이고 색깔도 회색, 분홍색, 갈색 등으로 조금씩 다르다는 것을 알 수 있다. 뇌를 뒤집어 아랫면을 보면 역시 색깔, 구성, 모양이 확연히 다른 부분들을 볼 수 있다. 대부분 반대쪽에도 같은 곳이 있기 때문에 뇌는 좌우 대칭이라 할 수 있다.

다양한 뇌의 부위가 뇌간을 중심으로 모여 있으며, 해부학 체계를 기준으로 뇌의 부위를 구분할 수 있다. 뇌의 부위를 구분하는 것은 경계, 즉 국경을 기준으로 나라를 구분하는 것과 같다. 경계는 매우 뚜렷한 경우가 많아서 한때 영혼이 숨어 있다고 생각했던,

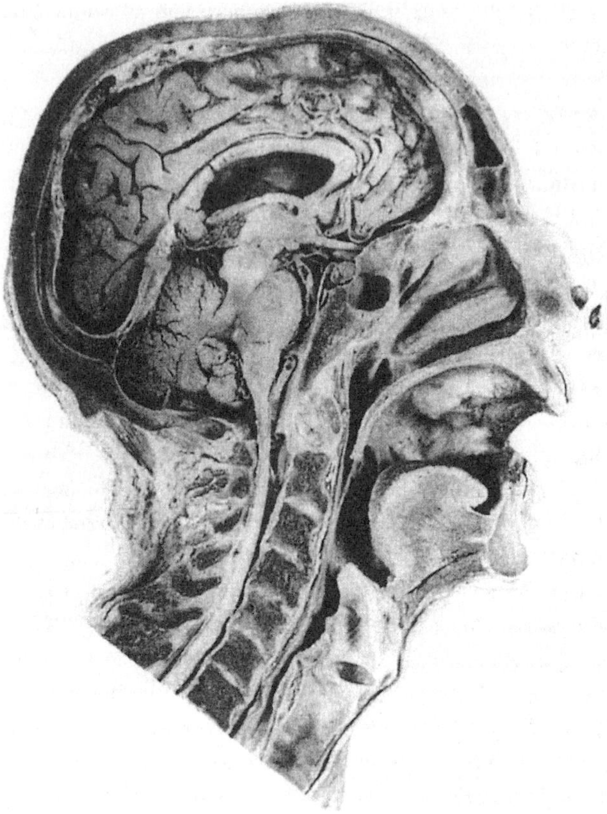

그림 1
머리와 목을 세로로 자른 사진. 뇌가 여러 부분으로 이루어져 있으며, 척수와 연결되어 있음을 한 눈에 알 수 있다.

액체로 차 있는 뇌실이 경계를 이루는 경우도 있다. 또 색깔이나 질감이 조금 다르게 경계를 이루는 경우도 있다. 확립된 체계를 기준으로 각 부위마다 서로 다른 이름이 정해져 있지만 이 책에서는 필요한 경우에만 이름표를 붙여 구분할 것이다. 이 책의 주된 관심은 뇌의 구조를 자세히 설명하는 것이 아니라, 뇌의 특정 부위가 어떻게 외부 세계의 생존 방식에 기여하면서 동시에 생각과 감정이 존재하는 가장 은밀한 장소인 내부 세계의 의식 형성에 기여하는지를 알아내는 것이다. 이러한 주제들은 '뇌의 10년'이 시작되기 훨씬 전부터 사람들의 호기심을 자극해 왔다.

17세기 마르첼로 말피기(Marcello Malpighi)는 뇌가 하나의 큰 분비샘처럼 균일하게 작용한다고 믿었다. 말피기는 신경계가 나무를 뒤집어 놓은 것과 같다고 생각했다. 신경계라는 나무의 뿌리는 뇌, 줄기는 척수, 가지는 온몸으로 이어지는 신경들이라고 생각한 것이다. 그 후 18세기 초에 장 피에르 마리 플루랭스(Jean Pierre Marie Flourens)는 엽기적인 실험을 시행한 후에 역시 뇌가 균일하다는 결론을 내렸다. 플루랭스는 뇌의 서로 다른 여러 부위를 제거한 후에 어떤 기능이 남아 있는지를 관찰하는 매우 단순한 실험을 했다. 그는 여러 종류의 실험 동물의 뇌 조직을 제거하고 그 효과를 관찰했다. 조직을 점점 더 많이 제거하면 특정 기능만이 선택적으로 지장을 받는 것이 아니라 모든 기능이 점점 더 약해지는 현상이 관찰되었다. 당연히 플루랭스는 뇌의 부위마다 다른 기능이 존재하지 않는다는 결론을 내렸다.

이렇게 뇌가 부위에 따라 특별한 기능을 가지지 않고 균일하다는 믿음은 소위 양작용(量作用, mass action) 개념을 확산시켰다. 양작용 개념은 오늘날에도 어느 정도 남아 있어서 꽤 자주 일어나지만 불가사의한 현상을 설명하는 데 이용된다. 예를 들어 뇌졸중으로 뇌의 일부분이 파괴된 후에도 다른 정상 부위가 대신 작용함으로써 본래 기능이 일부나마 회복되는 현상 같은 것이 있다.

이러한 견해에 전적으로 대비되는 것이 뇌가 고도로 특화된 기능을 가진 여러 부위로 명확하게 구분된다는 이론이다. 이 이론의 제창자 중 가장 유명한 사람은 1758년 오스트리아 비엔나에서 태어난 프란츠 갈(Franz Gall) 박사다. 갈 박사는 사람의 정신에 큰 흥미를 가졌지만 정신은 너무 섬세해서 수술로 조사할 수 없다고 생각했다. 당시 기술 수준을 감안한다면 그의 견해는 매우 타당한 것이었다고 할 수 있다. 갈 박사는 더 교묘해 보이는 뇌 연구법을 고안했다. 죽은 사람의 머리뼈를 조사하여 죽은 사람의 추정 성격과 어떻게 일치하는지를 파악하면, 성격의 특정 측면과 부합되는 육체적 특성을 찾을 수 있을 것이라는 이론을 세운 것이다. 갈 박사가 조사하기로 한 것은 가장 알아내기 쉬운 특징인 머리뼈 표면의 융기였다.

갈 박사는 27가지의 서로 다른 성격 특질이 존재한다는 결론을 내렸다. 소위 성격을 구성하는 이 요소들이 다소 복잡한 특징으로 드러난다는 것이다. 그 특징에는 생식 본능, 자식에 대한 사랑, 애착과 우정, 자신과 재산을 방어하려는 본능, 잔인성, 영리함, 소유욕과 도벽, 권위에 대한 긍지와 집착, 허영심, 신중함과 예지력, 사물과 사건을 기억하는 능력, 공간 감각, 사람을 기억하는 능력, 언어 감각, 말솜씨, 색감, 음감, 숫자 감각, 기계에 대한 친숙성, 감별력, 사고의 깊이와 형이상학적 능력, 해학과 풍자 능력, 시적 재능, 선량함, 모방 능력, 신앙, 완고함 등이 있다.

나중에 평범함 등의 항목이 추가되어 32개까지 늘어난 이 서로 다른 특성들을 이용하여 머리 표면의 도표가 만들어지고, 이 도표를 기준으로 각 개인에서 머리의 융기부가 크냐 작으냐에 따라 대강의 기능이 정해졌다. 그러나 특정한 정신 상태가 육체적 구조(머리뼈의 융기부 같이 뇌와는 거리가 있는 것들은 말할 것도 없고)와 어떤 관련

이 있는가 하는, 지금도 풀리지 않는 이 골치 아픈 의문은 당시에
는 제기되지도 않았다.

갈 박사가 분석을 위해 사용했던 장비는 일종의 모자였다. 움
직이는 바늘이 장착된 이 장비를 머리에 쓰면 머리뼈 표면의 융기
부에 바늘이 위로 밀려나오면서 종이를 뚫는다. 종이에 뚫린 구멍
의 양상은 사람마다 다 다른데, 그것이 개인의 성격을 다소 원시적
인 방식으로 나타낸다는 것이다. 갈 박사의 동료 중 한 명이었던
요한 가스파르 슈푸르츠하임(Johann Caspar Spurzheim)은 그리스 어
로 '정신의 연구'라는 뜻인 골상학(phrenology)이라는 용어를 고안
해서 이 연구의 과정과 기본 철학을 표현했다. 당시 골상학은 새로
운 뇌 연구법을 제시했으며, 객관적 측정치를 근거로 했기 때문에
진정한 과학이라는 영예를 얻었다. 그 결과 골상학은 빠른 속도로
학문적 대세를 잡게 되었다. 골상학은 더 '과학적인' 접근법을 이
용했을 뿐 아니라 측정 가능하지만 영혼처럼 어렵고 추상적인 관
념을 필요로 하지 않는 도덕성의 새로운 근거를 제시하는 것처럼
보였기 때문에 대중화되었다. 골상학은 비종교적이고 객관적인
체계처럼 보이며 맹목적인 믿음을 요구하지 않았기 때문에, 교회
에 불만을 품은 사람들이 증가하던 당시 추세에 교묘히 영합하여

인기를 끌었다.

골상학의 또 다른 장점은 당연히도 큰돈을 버는 새로운 수단이었다는 것이다. 골상학에 관한 팸플릿, 책, 모형 등이 유행하기 시작했다. 골상학은 수많은 사람의 생활에 한 부분으로 자리 잡게 되었다. 예를 들어 자신의 별자리를 표시한 머그잔이나 보석 같은 요즘 물건들처럼 손잡이에 자신의 골상을 작게 새겨 넣은 지팡이도 등장했다. 그러나 땅 짚고 헤엄치던 이 대박 사업도 결국 진통을 겪게 된다.

1861년 프랑스의 신경해부학자이자 인류학자인 폴 브로카(Paul Broca)는 말을 못하는 한 남자를 진찰했다. 이 남자는 오로지 '땅'이라는 소리만 낼 수 있었기 때문에 르보르뉴(Leborgne)라는 본명 대신 '땅'이라 불리고 있었다. 땅 본인은 불행히도 진찰 후 6일 만에 죽었지만 땅의 뇌를 조사할 수 있는 행운을 잡았던 브로카 덕분에 그의 이름은 역사에 남게 되었다. 부검 결과 확인된 뇌 손상 부위는 골상학 이론과는 전혀 다른 곳이었다. 골상학자들은 언어 중추가 왼쪽 눈이 들어 있는 곳의 아래에 있다고 주장했지만 땅의 경우 왼쪽 뇌의 앞부분에 있는 좁은 부위가 손상되어 있었다. 그 후 뇌의 이 부위를 브로카 영역이라고 부르게 되었다.

골상학은 이처럼 명백한 의학적 증거에 부합되지 않았기 때문에 설득력을 잃기 시작했다. 몇 년 후 오스트리아의 의사인 카를 베르니케(Carl Wernicke)가 또 다른 종류의 언어 장애를 발견했을 때 문제는 더 복잡해졌다. 베르니케가 검사했던 환자의 뇌는 전혀 다른 곳이 손상되어 있었다. 이 환자는 땅과 달리 단어를 제대로 발음할 수 있었다. 이 베르니케 실어증 환자의 유일한 증상은 뜻 모를 말을 자주 한다는 것이었다. 단어를 엉뚱한 순서로 뒤죽박죽 섞어서 말했으며 의미가 전혀 없는 새로운 단어를 자주 만들어 내곤 했다.

브로카 영역과는 다르지만, 말하기와 관련된 것이 분명한 또 다른 뇌 영역이 존재한다는 사실은 골상학의 문제점이 단지 언어 중추의 위치 오류만이 아님을 의미했다. 즉 베르니케의 관찰 내용이 발표된 후 언어 중추의 위치와 무관하게 언어 중추가 하나뿐이라는 개념은 설득력이 없다는 더 심도 있는 주장까지 제기되었다. 머리뼈의 융기부마다 서로 다른 뇌 기능을 나타내지 않는다는 것은 명백하다. 머리뼈의 융기를 측정하여 뇌 기능의 지표로 삼는다는 것 자체도 터무니없는 것이긴 하지만, 그밖에도 연속적인 행동, 숙련성, 감각, 생각 등이 뇌의 어디에서 어떤 과정을 거쳐 물리적 변화로 변환되는가 하는 문제가 남아 있었다. 또 반대로 뇌의 물리적 변화가 어떻게 연속적인 행동, 숙련성, 감각, 생각 등으로 표현되는가 하는 문제도 있었다. 골상학자들은 언어와 같은 복잡한 기능들은 저마다 특정 골상학 부위에 일대일로 관련되어 있다고 생각했다. 아직도 기억, 감정 등이 신체의 특정 부위에 존재한다는 토속적인 믿음을 갖고 있는 사람들이 있지만 이제 골상학자들의 생각이 틀렸다는 것은 너무나 명백하다. 그렇다면 뇌라는 덩어리가 단지 피동적으로 직접 외부 세계나 우리의 행동 또는 정신의 레퍼토리에 상응하는 것이 아니라면 대체 무엇이 사실이란 말인가?

영국인 신경과 의사 존 잭슨(John Hughlings Jackson, 1835~1911년)은 뇌가 서열별로 체계화되어 있다고 주장했다. 가장 원시적인 욕망은 서열이 더 위인 억제 기능의 견제를 받고 있으며, 이 억제 기능은 점점 더 고도화되어 사람에서 가장 잘 발달되어 있다는 것이다. 이 개념은 신경학, 정신과학, 심지어 사회학에도 영향을 미쳤다. 뇌가 손상되어 비정상적 운동이 일어나면, 그 이유를 정상 고등 억제 기능이 억제하던 무의식적 운동인 하위 기능이 해방되었기 때문으로 해석할 수 있었다. 이와 유사하게 지그문트 프로이트

(Sigmund Freud)는 '이드(id)'라는 열정적 충동은 '자아(ego)'라는 의식의 억제를 받고, 다시 자아는 '초자아(superego)'라는 양심의 견제를 받는다고 해석했다. 개인의 뇌 수준을 훨씬 넘어선 정치 분야에서도 폭도들의 무법적 행동을 고위 통제 기능으로부터 해방된 탓이라고 해석할 수 있었다.

잭슨의 주장은 신경학, 정신과학, 심지어 집단 행동에까지 적용되는 공통적인 이론 체계를 제공했다는 점에서 설득력이 있지만 골상학자들이 갖고 있던 잘못된 가정이 이 경우에도 숨어 있었다. 서열이라는 개념은 맨 위에 무언가가 존재하며 그것이 궁극적인 통제자임을 의미한다. 기억이나 운동에 각각 하나의 실행 중추가 존재한다는 주장은 골상학의 머리뼈 융기와 대동소이하다. 또 정신과학이나 도덕적 관점에서 이해할 수 있는 최상위의 초자아 개념에 상응하는 형이하학적 구조는 존재하지 않는다. 모든 작동을 지시하는, 소형 슈퍼 뇌는 뇌에 존재하지 않는 것이다.

뇌의 부위와 기능을 연관시키려는 또 다른 시도는 1940년대에서 1950년대까지 폴 매클린(Paul Maclean)에 의하여 이루어졌다. 그도 뇌를 하나의 서열 체계로 보았지만 이번에는 가장 하등인 '원시 파충류'의 뇌, 더 발달된 '초기 포유류'의 뇌, 가장 세련된

'신생 포유류'의 뇌라는 세 영역으로 구성된다고 주장했다. 파충류의 뇌는 척수보다 위에 위치한 줄기 모양의 뇌간에 해당되며 본능적 행동을 담당한다고 생각했다. 반면 초기 포유류의 뇌는 감정 행동, 특히 공격성과 성 행위를 조절하는 변연계(limbic system)같이 중간 수준의 구조들이 연결되어 형성된다고 생각했다. 마지막으로 신생 포유류의 뇌는 바깥층에 존재하는 합리적 사고를 담당하는 뇌 영역이다. 이 바깥 부분을 피질(겉질, cortex)이라고 부른다. 라틴 어 cortex는 나무껍질을 뜻한다.

매클린은 자신의 이론을 '삼위일체 뇌 이론(triune brain)'이라고 표현했으며 사람 내부에서 일어나는 갈등 중 대부분은 이 세 영역 사이의 기능을 조정하는 데 실패했기 때문이라고 주장했다. 그의 이론은 정치 집회에 참여한 군중의 아무 생각 없는 집단행동을 이해하는 데 조금 도움이 될 수도 있지만 이 장의 핵심 주제, 즉 바깥으로 드러나는 기능들이 실제로 뇌의 특정 부위에 나타나는 방식을 밝히는 데는 별 도움이 되지 않는다.

그럼에도 불구하고 파충류, 일반 포유류, 인간 등의 서로 다른 종의 뇌를 비교함으로써 이 의문에 대한 어떤 단서를 얻을 수 있을지도 모른다. 서로 다른 동물들의 뇌를 비교했을 때 가장 큰 차이점은 크기가 다르다는 것이다. 즉 가장 중요한 것은 뇌의 크기이며, 뇌가 큰 동물일수록 지능이 높다고 간단히 추론할 수도 있다.

그러나 코끼리의 뇌는 사람 뇌보다 다섯 배 크고 무게는 약 8킬로그램이나 되지만 과연 코끼리가 사람보다 다섯 배 영리하다고 말할 수 있을까? 아마 그렇게 말할 수 없을 것이다. 코끼리의 덩치가 사람에 비해 엄청나게 크기 때문에 중요한 것은 뇌의 절대적 크기가 아니라 몸무게 대 뇌의 비율이라고 주장할 수도 있다. 코끼리의 뇌는 몸무게의 0.2퍼센트에 불과하지만 사람은 2.33퍼센트나 된다.

하지만 몸무게와의 비율로 설명이 끝나는 것은 아니다. 뒤쥐(shrew)의 뇌는 몸무게 대비 약 3.33퍼센트나 되지만 뒤쥐가 사람보다 더 영특하다고 주장하는 뒤쥐 같은 사람은 없다. 사실 뒤쥐는 생각 없는 것으로 유명하다. 뒤쥐에 관해 가장 널리 알려진 사실은 아마도 매일 먹어 치우는 곤충의 무게일 것이다. 따라서 몸무게 대비 비율이 아니라 뇌의 다른 무언가가 결정적인 요소임에 틀림없다.

지금까지 우리는 뇌를 하나의 균일한 덩어리로 여기고 그 절대적 크기만을 생각해 왔지만 뇌에서 가장 중요하고 기본적인 사실은 뇌가 여러 부위로 이루어져 있다는 것이다. 뇌의 부위별 중요성을 알고 싶다면 다시 한번 진화에 대해 공부하고 인간 뇌를 부위별로 다른 동물과 비교해 보는 것이 큰 도움이 될 듯싶다.

　　악어 같은 파충류와 닭 같은 조류처럼 서로 종이 다른 경우에도 뇌의 일관된 기본 형태는 공통적으로 발견된다. 변화가 거의 없는 부위도 존재하는데, 예를 들어 척수에서 시작되는 뇌간은 대부분의 동물에서 쉽게 확인할 수 있다. 그러나 약간의 변이는 존재한다. 예를 들어 닭의 소뇌는 뇌 전체 무게의 약 절반이다. 또 어떤 물고기의 소뇌는 뇌 전체 무게의 90퍼센트에 이른다. 소뇌가 사람을 포함한 여러 동물에서 공통적으로 행동과 관련된 기능을 갖고 있음에 틀림없지만, 닭의 행동에서는 특히 중요하며, 물고기의 경우에는 그보다 훨씬 더 중요하다.

　　사람처럼 복잡한 생활 방식을 가진 동물의 소뇌는 뇌 전체에서 매우 작은 비율을 차지한다. 따라서 소뇌는 사람의 다양하고 특이한 행동과는 밀접한 관련이 없다고 생각하는 것이 합리적이다. 소뇌와는 달리 진화 과정에서 가장 큰 변화를 겪은 뇌 부위는 대뇌의 바깥층인 피질이다.

　　뇌 기능에 관한 중요한 단서 중 하나가 고등 동물일수록 피질의 주름이 많아져서 상대적으로 용적이 작은 머리뼈 속에 들어가는 피질의 면적이 늘어날 수 있다는 점이다. 쥐의 피질을 펼치면 우표 크기에 불과하지만, 침팬지의 피질은 A4 용지 한 장 정도이며 사람의 경우 그 네 배나 된다. 사람은 모든 동물 중에서 가장 유연하고 변화무쌍한 생활 방식의 소유자다. 따라서 판에 박힌 행동에서 벗어나는 데 피질이 어떤 식으로든 관여할 것으로 생각된다. 그 동물의 피질이 넓을수록 복잡한 상황에 예측 불가능하고 특수한 방식으로 반응할 것이다. 또한 피질이 넓을수록 독창적으로 생각할 수 있는 능력이 커질 것이다. 그렇지만 '생각'이란 과연 무엇일까?

두께가 약 2밀리미터인 피질은 다양한 기준에 따라 여러 가지 기능 영역으로 나뉜다. 이러한 분류 방법에는 타당한 측면도 있지만, 받아들이는 정보나 내보내는 명령과 명확하게 일치하지 않는 특정 피질 영역도 존재하는 것 같다. 예를 들어 고도로 특화된 피질 영역에서 시작된 신호가 척수를 통해 말초 신경으로 전달되어 근육을 수축시키기 때문에 이 피질 영역을 운동피질이라고 부른다. 그밖에도 특수한 기능을 갖는 피질 영역이 존재하는데, 예를 들어 눈이나 귀로부터 신호를 받아들여 가공하는 시각피질과 청각피질이 있다. 이와 유사한 방식으로 통증이나 촉각과 관련된 신호를 전달하는 피부 신경이 척수로 들어간 후 몸감각피질로 전달된다. 몸감각피질은 촉각 등의 감각 신호에 반응하는 피질이다.

그러나 다른 피질 부위는 그처럼 확실하게 분류할 수 없다. 예를 들어 머리꼭대기 뒤에 있는 부위인 후부두정엽피질(뒤마루곁질, posterior parietal cortex)은 시각, 청각, 몸감각 정보를 받아들인다. 따라서 이 부위의 기능은 덜 뚜렷하다고 할 수 있다. 이 부위가 손상된 환자에서는 손상된 위치와 범위에 따라 다양한 종류의 장애가 나타난다. 그 증상에는 시각이나 촉각으로 사물을 식별하지 못하거나 이미 한 감각으로 경험했던 것을 다른 감각으로 인식하지 못하는 것 등이 있다. 예를 들면 눈을 가린 채 손에 쥐고 있던 공을 막상 눈으로 봐서는 식별하지 못하는 경우가 있다. 또 감각 장애뿐 아니라 뇌가 명령을 내리는 운동 계통도 장애를 입는다. 예를 들어 사물을 조작하는 데 서투른 행위상실증(apraxia)이 나타나서 심하면 옷을 입는 데에도 어려움을 느낄 수 있다. 환자는 좌우를 혼동하고 공간 능력에 장애가 생긴다. 주된 감각이나 운동 기능에 문제가 있는 것 외에도 매우 기이한 증상을 보이는 경우도 있다. 예를 들어 자신의 신체 중 한쪽 절반의 존재를 부인하는 증상이 나타난다. 그 결과 자신의 팔이 남의 것이라고 주장하는 더욱 황당한 증상도 보일 수 있다. 이 현상 외에도 신체 한쪽에서 시작되는 모든 촉각, 시각, 청각 자극을 무시하는, 훨씬 더 광범위한 문제가 나타날 수도 있다.

후부두정엽이 손상된 환자는 감각 계통이 완전하게 정상 작동하고 근육도 완벽하게 운동할 수 있다. 문제는 우리가 당연하다고 여기는 감각과 운동의 거시적 조정에 있는 것으로 생각된다. 후부두정엽피질은 한 감각 계통을 다른 감각 계통에 연결하거나 감각 계통을 운동 계통에 연결하는 것으로 생각되기 때문에 이 피질 부위를 연합피질(association cortex)이라고 부른다. 그러나 후부두정엽피질 등의 피질 영역은 단순히 감각과 운동 정보가 교차하는 통로로만 작용하지 않는다. 바로 앞에서 살펴본 것처럼 후부두정엽피질이 손상된 환자에 인식 장애가 일어나서 신체의 절반을 인식하지 못하는 기이한 현상이 나타날 수 있다. 따라서 후부두정엽피질은 다른 연합피질처럼 가장 이해하기 어려운 고등 기능인 '생각', 즉 신경과학자들이 선호하는 표현인 '인지 과정(cognitive process)'을 담당하는 것이 분명하다.

서로 다른 종 사이에 특정 뇌 부위를 비교하는 전략으로 돌아가면, 연합피질 영역은 가장 세련되게 개인주의적으로 생활하는 동물에서 가장 잘 발달되어 있을 것이라고 예상할 수 있다. 인류의 가장 가까운 친척이며 DNA가 1퍼센트만 다른 침팬지와 비교해도 인간의 연합피질이 몇 배 더 넓다 그림 2. 가장 흥미로운 동시에 정확한 기능과 작용 방식을 이해하기가 가장 어려운 존재가 바로 운동의 조절이나 감각의 처리에 직접 관여하지 않는 이 연합피질임은 그리 놀라운 일이 아니다.

예를 들어 뇌의 앞부분인 전전두피질(이마앞겉질, prefrontal cortex)의 대부분은 연합피질이 차지하고 있다. 모든 피질 중에서

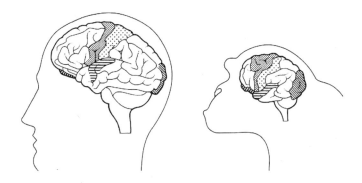

그림 2

침팬지와 인간의 피질을 비교한 그림. 침팬지의 피질은 대부분 특정 기능(음영으로 표시한 곳)에 관여하지만 인간의 피질에는 명확한 기능이 없는 부분(음영 표시가 없는 곳)인 연합피질이 더 넓다. 특히 뇌의 앞부분에 있는 전전두피질이 넓은 것에 주목하라.

이 부위가 가장 극적인 성장을 보인다. 포유류가 진화를 거치는 동안 전전두피질은 고양이에서 3퍼센트, 침팬지에서 17퍼센트, 인간에서 무려 29퍼센트로 넓어진다. 전전두피질의 실제 기능을 밝혀 주는 단서는 1848년 미국 버몬트에서 일어난 우연한 사고에서 처음 발견되었다.

당시 미국에서는 철도가 엄청난 속도로 확장되고 있었다. 피니어스 게이지(Phineas Gage)는 한 철도 노동자 무리의 십장이었으며, 철로 예정지의 장애물을 없애기 위해 구멍을 뚫고 다이너마이트를 박아 넣는 것이 그의 임무였다. 다이너마이트를 집어넣기 위해 피니어스는 다짐쇠라는 막대를 사용했다. 이 쇠막대의 길이는 약 110센티미터, 가장 굵은 곳의 폭은 약 3센티미터였다.

어느 날 피니어스가 쇠막대를 이용하여 구멍에 다이너마이트를 밀어 넣고 있을 때 끔찍한 사고가 일어났다. 다이너마이트가 너무 일찍 점화되어 폭발한 것이다. 강력한 폭발이었지만 피니어스는 큰 부상을 입은 채 살아남았다. 그가 고개를 한쪽으로 기울이고 있을 때 너무 일찍 터진 다이너마이트 때문에 튀어나온 쇠막대가 왼쪽 머리뼈를 관통해 버렸다. 쇠막대는 뇌 앞의 머리뼈를 뚫고 들어가 전전두피질을 심하게 손상시켰다. 잠깐 의식을 잃었던 피니어스는 놀랍게도 멀쩡한 듯 보였다. 치료를 받은 후에는 마치 아무 일도 없었던 것처럼 감각과 운동이 정상이었다.

그러나 시간이 흐르면서 주위 사람들은 변화를 눈치채기 시작했다. 사고 전에 협조적이고 우호적인 사람이었던 피니어스는 사고 후 건방지고, 우유부단하고, 거만하고, 완고하며, 남에게 무관심한 사람이 되었다. 결국 그는 철도를 떠나 서커스의 구경거리로 떠돌다가 생을 마감했다.

이 사건이 있은 후 더 놀라운 뇌 손상 사고들이 보고되었다. 이 사고들은 약간의 차이는 있지만 동일한 결론을 시사하고 있다. 즉 전전두피질은 호흡이나 체온 조절 같은 동물적 생존 작용, 감각의 가공이나 운동의 조정에 관여하지 않고 정신의 가장 복잡한 측면, 인간성의 정수, 환경에 반응하는 방식 등에 관련되어 있다. 이 흥미로운 사건들을 분석함으로써 불변하는 것으로 신성하게만 여겨졌던 우리의 성격이 실은 뇌라는 형이하학적 존재에 의해 결정된다는 사실을 알게 되었다. 즉 성격은 바로 우리의 뇌인 것이다. 또한 이 사건들을 통해서, 현재 논의되고 있는 전전두피질의 기능에 관해 철학적이지는 않지만 더 구체적인 의문을 떠올리게 된다. 즉 성격을 조절하는 이 영역이 뇌 안에서 명령을 집행하는 일종의 '작은 뇌'가 아닐까 하는 의문이다. 이러한 의문은 성격을 세분하여 서로 다른 곳에 배치하는 오류를 범했던 골상학자들에게조차 너무 거창한 발상이다. 그렇다면 전전두피질의 기능은 과연 무엇인가?

포르투갈의 신경과 의사인 에가스 모니즈(Egas Moniz)는 1935년 런던에서 열린 제2차 국제신경학회에 참석했다. 그는 이 학회에서 신경증 증상이 있던 원숭이가 전두엽이 파괴된 후에 안정을 되찾았다는 보고를 접하게 되었다. 여기에 영감을 얻은 모니즈는 치료가 어려운 환자에게 비슷한 방법을 사용할 것을 제안했다. 그는 전두엽과 뇌의 다른 곳 사이를 연결하는 백질(백색질), 즉 신경 섬유를 절단하는 전두백질 절단술(frontal leucotomy)을 개발했다. 1960년대까지 우울, 불안, 공포, 공격성 같은 감정 반응이 매우 심하게 지속되는 모든 경우에 대한 최적의 치료법이 전두백질 절단술이었다. 1936년부터 1978년까지 미국 전역에서 총 3만 5000명의 환자가 이 수술을 받았다. 이 수술을 받은 환자의 수가 얼마나 되는지 알고 싶다면 뉴욕 시 전화번호부에서 '스미스'라는 성을 가진 사람을 세어 보면 된다. 그런데 1960년대 후반 이후 매년 전두백질 절단술이 시행되는 횟수가 줄어들기 시작했다. 효능이 더 좋은 치료약이 개발되었을 뿐 아니라 전두백질 절단술의 부작용으로 인지 기능이 떨어진다는 사실이 밝혀졌기 때문이다. 그 후 과거 수십 년 동안 유일한 치료법으로 여겨져 왔던 이 수술은 더 이상 집도되지 않게 되었다.

전두백질 절단술이 각광받던 시절에는 부작용이 거의 없다고 생각했다. 그러나 전반적 득실을 따져본 결과 수술로 인한 이득이라고 할 만한 것이 없고, 오히려 부작용이 더 심각하다는 것이 점차 분명해졌다. 이 수술을 받은 환자들은 피니어스처럼 성격이 변하고, 앞날을 예상하는 능력이 떨어지고, 감정 반응이 둔해졌다. 전두엽이 손상된 환자는 이처럼 미리 준비하는 능력이 확실히 약화되기 때문에 새로운 전략을 개발하거나 특별한 문제에 부딪혔을 때 해결하는 능력이 떨어진다. 이 환자들은 주위 정보를 이용하여 행동을 조절하거나 바꾸지 않고 고집을 부리는 경향이 있다.

이러한 기능 장애는 전두엽이 손상된 환자나 원숭이에게 특수한 과제를 부여한 후 수행하는 능력을 조사하는 실험을 한 결과 드러났다. 예를 들어 실험 대상에게 무늬의 색을 기준으로 카드를 분류하라고 지시한 후에 다시 무늬의 모양을 기준으로 분류하라고 지시하면 이들은 새 지시를 따르지 못한다. 혹자는 정상인이라면 누구나 갖고 있는 이 수행 능력을 작동 기억이라고 부른다. 작동 기억이란 과제가 수행되는 실질적 체제이며 때로 '정신의 흑판'이라고 불리기도 한다. 작동 기억이 되지 않을 경우 사건의 상황을 정확하게 기억하기 힘들다. 그러나 전전두피질이 손상되었을 때 나타나는 장애는 기억에만 국한되지 않는다. 자발적으로 말하지 못하는 장애도 일어날 수 있다. 전전두피질이 손상된 환자는 스스로 자신의 이야기를 드러내지 않는 경향이 있을 뿐 아니라 사회적 행동에도 장애가 나타나는데, 이는 피니어스의 경우에서 살펴보았다.

이처럼 많은 지식이 축적되었음에도 불구하고 아직도 전전두피질의 기능을 정확히 알지 못한다. 일부 신경과학자들은 전전두피질이 손상된 환자가 정신분열병 환자와 비슷하다고 지적한다. 정신분열병 환자들도 동일한 작동 기억 수행 장애를 갖고 있는 것으로 보인다. 따라서 정신분열병이란 받아들이는 정보를 자신의 기준, 규칙, 기대 등과 대조하는 데 장애가 있는 병이라고 해석할 수 있다. 정신분열병 환자나 전전두피질이 손상된 환자는 모두 감각 정보에 압도되어, 감각 정보를 적절히 분류하지 못하거나 기억을 감당할 수 없어 시간적 순서에 따라 기억을 정리하지 못한다. 인간은 대부분 살아가면서 일어나는 사건이 주는 충격을 흡수하는 내부 장치를 갖고 있지만, 이 환자들은 그렇지 못한 것 같다. 그러나 이 가설이 옳다 하더라도 전전두피질을 일상에서 확인할 수 있는 한 가지 기능으로 요약하기에는 너무 많은 양상과 결과가 나타나며 지나치게 복잡하고 추상적이다. 만일 우리가 골상학자였다면 전두엽을 나타낼 한 단어를 생각해 내기 힘들었을 것이다.

환자에게 사회생활이나 작동 기억에 문제가 있다고 이야기할 수는 있지만 이 별개의 두 장애 사이에 어떤 공통점이 있는지 알아내기는 매우 어렵다. 외부에서 일어나는 익숙한 사건들을 오직 뇌의 한 부위에서 일어나는 실질적 변화에 결부시키는 것은 어려운 일이다. 운동피질이나 몸감각피질 등과 같이 다른 피질 영역은 서로 다른 기능을 갖고 있음이 분명하며 전전두피질이나 후부두정엽피질 등과 같은 연합 영역도 각각 고유한 특수 기능을 갖고 있음이 분명하다. 그러나 골상학자의 견해와는 달리 이 기능들은 현실에서 명백히 드러나는 성격이나 특정 활동과 꼭 맞아 떨어지지 않는다. 특정 뇌 부위에서 실제로 일어나는 과정들 사이의 관계를 이해하고 이렇게 내재화된 정상 현상들이 외부 행동으로 드러나는 방식을 파악하는 것이 오늘날 신경과학의 가장 큰 과제 중 하나다.

피니어스 게이지나 전두백질 절단술을 받은 환자의 사례에서 볼 수 있듯이 특정 뇌 부위가 손상된 환자에서 나타나는 기능 장애를 바탕으로 그 본래 기능이 무엇인지를 추론하는 것은 특정 뇌 부위의 역할을 확인하는 한 방법이 될 수 있다. 뇌의 특정 부위의 손상을 통해 그 부위의 기능을 곧바로 알 수 있었던 대표적 사례가 파킨슨병(Parkinson's disease)이다.

파킨슨병은 1817년 이 병을 최초로 보고한 제임스 파킨슨(James Parkinson)의 이름을 따서 명명되었다. 심한 운동 장애를 일으키는 이 병은 주로 노년기에 일어나지만 때로 젊은 층에서 발병하는 경우도 있다. 운동이 매우 힘들어지고, 가만히 있을 때 손이 떨리며 팔다리가 뻣뻣해지는 증상이 나타난다(대표적인 파킨슨병 환자로 전임 로마 교황 요한 바오로 2세 등이 있다.—옮긴이). 파킨슨병은 우울증이나 정신분열병 등과 달리 문제가 있는 뇌 부위가 정확히 어딘지 알고 있다는 점에서 매우 흥미롭다.

뇌의 중간 부분인 중뇌에는 검은색 콧수염 모양의 흑색질(흑질, substantia nigra)이 자리 잡고 있다. 흑색질의 신경세포 속에는 멜라닌 색소가 들어 있기 때문에 이 부위가 검게 보인다. 멜라닌과 중요한 뇌 화학 물질인 도파민(dopamine)은 모두 도파(DOPA)라는 물질로부터 만들어진다. 따라서 정상 흑색질 신경세포들이 도파민을 만든다는 것은 분명한 사실이다.

▬

파킨슨병 환자의 뇌와 정상 뇌를 비교하면 파킨슨병 환자의 흑색질이 훨씬 옅은 색을 보인다는 사실은 오래전부터 알려져 있었다. 즉 멜라닌 색소를 함유한 세포들이 죽은 것이다. 이 신경세포들이 죽음으로써 일어나는 중요한 결과 중 하나가 이 부위에서 도파민이 더 이상 생산되지 않는다는 것이다. 파킨슨병 환자에게 레보도파(L-DOPA)라는 화학 물질을 투여하면 이 물질로부터 도파민이 만들어져서 운동 기능이 극적으로 호전된다. 현재 파킨슨병에서 어느 부위가 손상되는지(흑색질), 결핍된 화학 물질이 무엇인지(도파민)는 확실히 알려져 있지만, 정상 운동에서 흑색질이 정확하게 어떤 기능을 하는지는 알지 못한다.

또한 파킨슨병이 단지 흑색질에 생긴 병이라고만 생각해서는 안 되며 도파민이라는 화학 물질이 결핍되는 병이라는 사실도 인식해야 한다. 흑색질은 단지 도파민을 생산해서 다른 중요한 곳, 즉 선조체(줄무늬체, striatum)에 전달하는 세포들이 모여 있는 곳에 불과하다는 견해도 있다. 그렇다면 선조체에서 도파민이 담당하는 기능을 알아보는 것이 중요할 것이다. 뇌의 구조와 화학적 양상은 일치하지 않는다. 즉 뇌의 한 부위에만 존재하는 화학 물질은 없다. 이것은 한 화학 물질이 뇌의 여러 부위에 걸쳐 분포하며, 각 뇌 부위마다 여러 가지 화학 물질을 생산하고 이용한다는 것을 의미한다. 따라서 뇌가 손상을 입었을 때, 손상을 입은 뇌 부위와 화학적 균형의 변화 중 어느 것이 더 중요한지 판단하기는 매우 어렵다.

특정 기능을 특정 뇌 영역에 국한시키기 어려운 이유가 또 하나 있다. 즉 신경세포의 형성성(가소성, plasticity) 때문이다. 뇌 손상의 원인은 질병, 교통사고, 총상 등 다양하지만 가장 흔한 것은 뇌졸중(뇌중풍, stroke)이다. 뇌졸중은 뇌에 산소 공급이 불충분할 때 일어난다. 산소가 모자라는 원인으로는 뇌혈관이 막혀서 산소를 운반하는 혈액이 제대로 공급되지 못하거나 혈관이 좁아져서 혈류가 감소하는 것 등이 있다. 운동피질에 뇌졸중이 일어났을 때 일어나는 변화를 순서대로 알아보자.

뇌졸중이 일어난 직후에는 운동이 전혀 일어나지 않아서 반사 작용조차 없을 수 있다. 즉 한쪽 팔다리가 축 늘어지는 이완 마비가 나타날 수 있다. 며칠 내지 몇 주가 지나면서 기적이라고 착각할 수 있는 현상이 일어난다(기적의 정도는 환자에 따라 큰 차이가 있다.). 우선 반사 반응이 돌아오고, 이어서 팔이 뻣뻣해지기 시작하며, 팔다리를 움직일 수 있게 되어 결국 물건을 쥘 수 있게 된다. 한 연구에 따르면 뇌졸중으로 운동피질이 손상된 환자의 3분의 1이

스스로 물건을 쥘 수 있는 수준으로 회복된다고 한다.

뇌 손상 때문에 언어 장애와 기억 장애가 일어났던 환자가 회복된 사례도 있다. 따라서 뇌의 기능은 반드시 한 부위, 즉 특정 신경세포 집단에 속하는 것은 아니다. 만일 손상된 특정 신경세포 집단만이 그 기능을 독점했다면 회복은 일어나지 않았을 것이다. 따라서 손상된 뇌 세포가 담당했던 기능들을 다른 뇌 세포들이 조금씩 떠맡게 되는 것 같다고 생각할 수 있다. 사실 운동피질에 뇌졸중이 일어난 후 물건을 쥐는 운동을 할 수 있기까지 회복되는 단계는 아기가 물건을 쥐는 운동이 처음 발달되는 과정과 매우 유사하다(4장 참조). 다시 한번 뇌의 한 부위가 한 기능을 독점하는 것이 아님을 알 수 있다. 이웃한 다른 뇌 부위가 그 기능을 대신할 수 있다. 즉 최소한 어느 정도의 유연성, 즉 신경세포의 형성성이 명백히 존재한다.

그렇다면 다양한 뇌 부위의 기능을 어떻게 연구할 수 있을까? 우리가 진짜 필요로 하는 것은 사람이 생각하고, 말하고, 어떤 일상적인 기능을 수행하는 동안 뇌 속의 영상(동영상이면 더 좋고)을 촬영하는 것이다. 이렇게 꿈 같은 연구법이 현실화되는 과정은 엑스선 촬영이라는 친숙한 방법에서 시작되었다. 엑스선은 고주파 단파장의 전자기파다. 엑스선은 매우 높은 에너지를 갖고 있기 때문에 물체를 쉽게 통과할 수 있다. 물체의 원자가 일부 엑스선을 흡수하고, 흡수되지 않은 엑스선이 사진 건판에 도달하여 이를 감광시킨다. 따라서 방사선 밀도가 낮은 물체일수록 엑스선 사진이 검게 나타나고, 높은 물체일수록 희게 나타난다. 이러한 원리는 잘 알다시피 권총이 든 옷가방이 공항 검색대를 통과할 때, 또는 근육에 둘러싸인 뼈를 촬영할 때처럼 크게 대비되는 두 물체에서 잘 나타난다.

엑스선이 인체 내부의 변화를 효율적으로 감지할 수 있지만 뇌에 적용하기에는 문제가 있다. 뼈와 근육은 뚜렷하게 대비되지만 뇌의 서로 다른 부위들 사이에는 밀도 차가 거의 없다. 뇌의 방사선 투과성을 더 낮추거나 엑스선 촬영 기법의 민감성을 향상시키는 해법을 찾아내면 이러한 문제점을 극복할 수 있을 것이다.

먼저 가방 속에 든 권총처럼 뇌 부위들 사이의 대비를 향상시킬 수 있는 방법을 생각해 보자. 이 문제는 뇌에 방사선 투과도가 낮은 염료를 주입하여 다량의 엑스선을 흡수하게 만들면 해결할 수 있다. 이 경우 머리뼈를 뚫고 뇌에 직접 염료를 주입하지는 않는다. 대신 뇌에 혈액을 공급하는 동맥에 염료를 주입한다. 자신의 목에서 공기가 지나가는 기도(숨길)의 양옆에 손을 대면 이 목동

1장 뇌 안의 뇌

맥(경동맥)의 맥박을 느낄 수 있을 것이다. 방사선 투과도가 낮은 염료는 일단 주입되면 매우 빨리 뇌에 도달한다. 이때 촬영하는 사진을 혈관조영상(angiogram)이라 한다. 혈관조영상을 촬영하면 뇌동맥들이 갈라지면서 뇌의 곳곳을 지나는 양상을 자세히 볼 수 있다.

뇌혈관이 막히거나 좁아지는 뇌졸중이 일어나서 뇌의 혈액 순환에 장애가 생겼다고 가정해 보자. 막히거나 좁아진 혈관이 혈관조영상에 나타날 것이다. 마찬가지로 뇌종양 때문에 혈관이 비정상 위치로 밀려난 경우에도 방사선과 전문의가 문제점을 알아낼 수 있다. 혈관조영상 기법은 이러한 방식으로 엑스선 촬영의 문제점을 해결할 수 있는 매우 유용한 진단법이다. 그런데 만일 뇌혈관에 이상이 없다면? 이 경우 뇌혈관이 아니라 뇌 자체에 문제가 있을 수 있다. 이때는 혈관조영상이 도움이 되지 않는다.

뇌 조직의 방사선 투과성을 낮추지 않는다면 진단 장치의 민감도를 향상시키는 방법이 있다. 정상 엑스선의 회색 음영은 약 20~30단계로 나뉘지만 1970년대 초반에 200여 단계로 나누는 기법이 개발되어 1980년대 이후 일상적으로 사용되고 있다. 바로 이 검사법이 전산화 단층 촬영술(compted tomography, CT 또는 CAT)이다.

CT를 찍을 때 뇌 엑스선을 여러 단면, 즉 단층으로 연속 촬영한다. 환자의 머리를 원통 모양의 구멍에 집어넣는데, 이 구멍의 한쪽에는 엑스선관이 있고 그 반대쪽에는 엑스선 발사 장치가 있어 두 장치가 머리 주위를 둘러싸게 된다. 이 경우 엑스선이 엑스선 필름을 감광시키는 것이 아니라 컴퓨터에 연결된 감지 장치를 자극한다. 이 감지 장치는 보통 사용되는 엑스선 필름보다 훨씬 더 민감하다. 감지 장치를 통해 수집된 모든 자료들이 컴퓨터에서 종합되어 한 장의 단층 사진이 만들어진다. 엑스선관이 사람의 세로축을 따라 움직이며, 이 과정을 8~9회 반복하면 뇌 전체의 단층 사진을 얻을 수 있다.

신경과나 신경외과 의사들은 이 CT 사진을 판독하여 뇌종양의 위치와 크기, 뇌 손상 범위 등에 관한 중요한 정보를 얻는다. 예를 들어 심한 혼란과 기억 장애가 일어나는 변성 질환인 알츠하이머병을 이해할 수 있는 단서가 최근에 CT를 이용하여 제시되었다. 1996년 옥스퍼드 대학교의 스미스(Smith) 박사와 좁스트(Jobst) 박사는 알츠하이머병 환자의 뇌에서 내측 측두엽(안쪽관자엽, medial temporal lobe)의 넓이가 서서히 감소하여 동년배 건강인의 약 절반까지 줄어들었다는 논문을 영국 의학 잡지에 발표했다. 이러한 연구 결과는 알츠하이머병 치료법 개발의 목표가 될 뇌 부위의 위치를 알려 줄 뿐 아니라, 기억 상실 등의 증상이 확연히 드러나기 전에 시작되는 뇌 손상을 조기에 진단하는 데 도움이 되기 때문에 큰 가치가 있다.

엑스선 촬영은 20세기에 널리 사용되었고 최근에는 CT 촬영이나 혈관조영상에서 엑스선을 사용함으로써 뇌 손상을 진단하는 데 큰 도움이 되고 있다. 그러나 엑스선을 사용해서는 진단할 수 없는 뇌 기능 장애도 있다. 엑스선을 이용하면 뇌의 구조적 이상을 알 수 있다. CT 촬영을 하면 종양이나 환부같이 뇌 속에 구조적이고 지속적인 이상이 있는지를 알 수 있다. 그러나 만일 구조적 장애가 아니라 뇌의 실제 작용과 관련된 기능에 장애가 있을 경우에는 엑스선을 이용해도 특정 시기에 특정 과제를 수행하는 데 어느 뇌 부위가 작동하는지 알 수 없다. 이 문제를 해결할 수 있는 방법은 없는지 살펴보자.

신체 모든 기관 중에서 뇌는 가장 많은 연료를 소모한다. 뇌는 쉬고 있을 때 다른 신체 조직보다 10배 정도 많은 산소와 포도당을 소모한다. 사실 뇌는 엄청난 양의 산소를 소비하기 때문에 산소 공급이 몇 분만 차단되어도 크게 손상된다. 뇌는 몸무게의 2.5퍼센트 미만이지만 휴식 상태에서의 에너지 소모량은 20퍼센트나 된다. 이 에너지는 뇌로 하여금 '일'을 할 수 있게 한다.

뇌는 일할 때 훨씬 더 많은 연료를 소비한다. 뇌의 연료는 섭취한 음식에 들어 있는 탄수화물과 들이마신 산소이다. 탄수화물이 산소와 반응하면 이산화탄소와 물, 그리고 가장 중요한 열이 발생한다. 음식을 섭취하여 얻은 모든 에너지가 즉시 연소되어 방출되지는 않는다. 그 이유는 뇌와 인체가 일하는 데 필요한 에너지가 한꺼번에 모두 고갈되면 안 되기 때문이다. 체온을 유지하는 데 일부 열이 필요하기는 하지만 섭취한 음식으로부터 얻은 모든 에너지를 즉각 방출하지 못하게 막는 화학 물질이 몸안에 존재한다. 이 화학 물질이 만들어져야 인체나 뇌가 기계적, 전기적, 화학적 작업을 하는 데 필요한 에너지를 저장할 수 있다. 이 에너지 저장 화학 물질이 ATP로서, 우리가 살아 있는 한 언제나 섭취한 음식으로부터 만들어진다. ATP는 마치 눌렸던 용수철이 튀어 오르듯이 에너지를 저장했다가 방출하는 능력을 갖고 있다.

특정 과제를 수행하는 동안 뇌의 특정 부위가 활발히 작용하면, 그 부위는 다른 부위보다 더 많은 에너지를 소비한다. 즉 그 부위의 ATP 요구량이 크게 늘어나서 더 많은 탄수화물, 특히 가장 단순한 형태인 포도당과 산소가 더 많이 필요해진다. 따라서 만일 산

소나 포도당의 필요량이 증가하는 뇌 부위를 추적할 수 있는 방법
이 개발된다면 특정 과제를 수행하는 동안 뇌의 어느 부위가 가장
활성이 높은지, 즉 가장 열심히 일하는지 알 수 있을 것이다. 이것
이 실제 활동하고 있는 뇌 부위를 가시화하는 데 이용되는 두 가지
특수 검사법의 원리다.

그중 하나가 양전자 방출 단층 촬영술(positron emission
tomography, PET)이다. PET를 하려면 기본적으로 산소나 포도당에
추적 가능한 꼬리표를 붙여야 한다. 이 경우 꼬리표, 즉 표지 물질
은 방사성 동위 원소다. 방사성 동위 원소의 핵은 불안정해서 양전
자를 고속으로 방출한다. 양전자는 전자와 유사하지만 양전하를
띠는 소립자다. 탄수화물이나 물 분자에 산소의 방사성 동위 원소
를 붙인 후에 정맥 속으로 주사한다. 그러면 이 방사성 동위 원소
로 표지된 물질이 혈액을 통해 뇌로 운반된다. 방출된 양전자는 뇌
속 다른 물질의 전자와 충돌하여 소멸된다. 그 결과 감마선이 발생
한다. 이 감마선은 머리뼈를 뚫고 나와 머리 밖에서 감지될 수 있
을 정도로 강력한 에너지를 가지고 있다.

이 고에너지 감마선은 멀리 날아갈 수 있기 때문에 머리 밖으
로 나와서 감지 장치에 도달한다. 우리는 감지 장치에 기록된 신호

를 이용하여 뇌 활동을 영상으로 나타낼 수 있다. 포도당이나 산소
는 필요량이 가장 많은 뇌 부위, 즉 가장 열심히 일하는 뇌 부위에
축적된다. PET를 이용하면 말을 할 때와 글을 읽을 때처럼 미묘한
차이가 있는 과제를 수행할 때 다른 뇌 부위가 활성화됨을 보여 줄

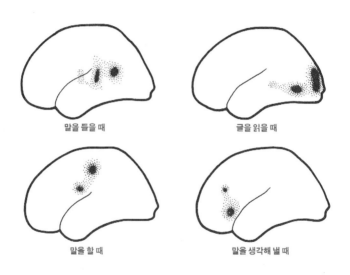

말을 들을 때   글을 읽을 때

말을 할 때   말을 생각해 낼 때

그림 3
의식이 있는 상태에서, 비슷하지만 미세한 차이가 있는 과제를 수행할 때 촬영한 PET 사진. 네 과
제 모두 언어와 관계 있지만 각각 서로 다른 뇌 부위가 관련됨을 알 수 있다. 또한 한 부위만 활성화
되는 경우는 없다는 사실도 알 수 있다.

수 있다 그림 3.

　두 번째 영상 제작 기법인 기능적 자기공명영상검사(functional magnetic resonance imaging, functional MRI)는 뇌 부위가 소모하는 에너지의 차이에 따라 영상이 만들어진다는 점에서 PET와 비슷하다. 그러나 PET와 달리 주입 물질이 없다. 주입된 물질이 뇌에 도달하는 시기가 정확히 언제인지 확인해야 하는 문제가 없기 때문에 기능적 MRI 검사법은 특정 순간에 진행되는 현상을 훨씬 더 정확하게 반영할 수 있다는 장점이 있다. 기능적 MRI는 PET처럼 활성이 더 높은 뇌 부위에 공급되는 혈액 속의 산소 농도 변화를 측정하지만, 그 측정법은 다르다. 산소는 헤모글로빈이라는 단백질에 결합된 상태로 운반된다. 기능적 MRI는 실제 존재하는 산소량이 헤모글로빈의 자성에 영향을 준다는 성질을 응용한 것이다. 이 성질은 자장을 걸어 둠으로써 확인할 수 있다. 자장이 존재하면 원자의 핵은 마치 작은 자석처럼 일렬로 정렬한다. 전자기파에 의하여 핵이 충격을 받아 열을 벗어나면 다시 정렬 상태로 되돌아가면서 전파를 방출한다. 이 전파는 헤모글로빈에 결합된 산소의 양에 따라 정확히 결정되기 때문에 뇌의 부위별 활성을 매우 정밀하게 측정할 수 있다. 이 기법을 이용하면 최소 2~3밀리미터의 작은 부위까지 잡아낼 수 있으며 몇 초 동안 진행되는 변화도 측정할 수 있다.

이 두 검사법을 이용한 결과 한 과제를 수행할 때 여러 뇌 부위가 동시에 작용한다는 사실이 더욱 명백해졌다. 뇌의 한 부위가 한 가지 기능을 담당하지 않고 여러 뇌 부위가 하나의 특정 기능에 기여하는 것으로 보인다. 또한 말을 하거나 말을 듣는 것과 같이 과제의 성격이 조금만 달라도 다른 뇌 부위의 조합들이 활성화된다.

뇌에서 일어나는 변화를 관찰할 수 있는 시간대는 몇 초 이상이며 그 공간적 범위는 기껏해야 몇 세제곱밀리미터에 불과하다. 또 다른 검사법인 자기뇌파검사(magnetoencephalography, MEG)는 뇌의 서로 다른 전기 활동에서 생성되는 자장을 측정하는 방법이며 짧은 시간에 일어나는 변화도 측정할 수 있다는 장점이 있다. 그러나 현재는 뇌의 바깥 부위의 변화만을 정확하게 측정할 수 있다. PET, MRI, MEG 등의 검사법이 갖고 있는 진정한 잠재력은 그 공간적, 시간적 분석 능력이 진짜 뇌 세포 수준에 맞게 향상될 미래에 더 눈부시게 활약할 테지만 지금도 이미 뇌의 작용을 볼 수 있는 도구로 이용되고 있다. 이 검사법들을 통해 우리가 얻은 가장 큰 교훈은 아마도 골상학자들의 가설처럼 뇌의 한 부위가 하나의 독립적인 기능을 담당한다는 생각은 틀렸다는 것이다. 실제로는 기능에 따라 서로 다른 뇌 부위들이 협력하여 작용한다.

뇌는 구조적으로 뚜렷하게 여러 부위로 나뉘지만, 각 부위는 독립적인 '작은 뇌'가 아니다. 오히려 이 부위들이 어떤 알 수 없는 방법을 통해 잘 통합된 체제를 이루고 있다. 따라서 한 번에 뇌 부위 하나씩을 조사하면서 뇌의 작용 방식을 공부하는 것은 불가능에 가깝다. 그 대신 구체적이고 익숙한 기능으로부터 시작해서 어떻게 이 기능이 뇌의 여러 부위에 분배되어 처리되는지를 추적해 보겠다.

2
시스템의 시스템

우리는 일생 동안 무슨 활동을 하든지 깨어 있는 매 순간마다 시각적, 청각적, 후각적 자극을 무차별적으로 받는다.

동물의 일생은 바깥 세상과의 끊임없는 대화라고 할 수 있다. 뇌는 쏟아져 들어오는 감각 정보를 가공하고 조정하여 그 결과를 운동으로 표현하는 데 있어 핵심적인 역할을 하는 장치다. 그렇다면 이 모든 과정은 어떻게 일어날까? 인체에서 일어나는 모든 기능이나 행동에 각각 일대일로 상응하는 단일 뇌 중추는 존재하지 않는다는 사실은 1장에서 살펴보았다. 이 장에서는 기능이 뇌에서 어떻게 일어나는가 하는 의문을, 뇌 부위별이 아닌 기능별로 풀어 보겠다.

20세기 초반 생리학을 개척한 대가 중 한 명인 찰스 셰링턴

(Charles Sherrington)은 운동의 보편적 개념을 "숲 속 바람소리에서 쓰러지는 나무까지 모든 것이 운동이다."라고 함축적으로 표현했다. 미묘한 보디랭귀지에서 정교한 말이나 단순하지만 명확한 포옹에 이르기까지, 거의 모든 의사 표현이 운동을 통해 일어난다. 그 운동은 아무리 크거나 미세해도 인체 어딘가에 존재하는 근육들이 수축함으로써 일어난다. 모든 근육이 마비된 후에 할 수 있는 의사 표현 방법은 침을 흘리거나 눈물을 쏟는 것뿐이다.

식물은 빛을 향해 자라는 식의 운동을 할 수 있지만 사람처럼 진정한 의미의 운동은 할 수 없다. 식물이 여기저기 돌아다니는 이야기는 공상 과학 소설에서나 가능하다. 반면 동물은 식물과 극명한 대조를 보인다. 동물은 운동을 할 수 있다.

운동이 가능한 다세포 생물이라면 최소한 원시적 수준의 뇌를 가지고 있다. 운동하는 생물에게 어떤 형태로든 뇌가 필요하다는 사실은 전 일본 국왕 히로히토(裕仁)가 처음 관찰했던 사례를 통해 쉽게 알 수 있다. 히로히토는 해양생물 연구의 열정적 애호가였다. 문제의 생물은 멍게였다. 멍게는 미성숙한 유생 상태일 때 헤엄을 치며 돌아다닌다. 멍게의 유생은 운동을 할 수 있을 뿐 아니라 진동에 민감한 원시 장치와 빛을 감지하는 원시 장치를 갖고 있다. 이 두 장치는 각각 귀와 눈에 해당한다. 즉 유생 멍게는 간단하나마 뇌를 갖고 있다고 할 수 있다. 그러나 성숙한 멍게는 생활 방식을 바꿔 바위에 붙어 산다. 바닷물을 걸러서 먹이를 섭취하기 때문에 더 이상 헤엄쳐 다닐 필요가 없는 것이다. 멍게는 결국 자신의 뇌를 먹어 버리는 경이로운 행동을 한다.

멍게의 사례에서 알 수 있듯이 움직이는 생물에는 뇌가 존재하고, 정착해서 살아가는 생물에게는 뇌가 필요없다. 움직이는 동물은 끊임없이 바뀌는 환경과 접촉하기 때문에 뇌가 필요하다. 동물에게는 지금 벌어지고 있는 상황을 즉시 알아차릴 수 있는 장치가 필요하며, 동시에 그 상황에 반응할 수 있는 장치도 매우 중요하다. 이 반응 장치를 이용해서 포식자를 피하거나 먹이를 추적할 수 있다. 그 모양, 크기, 발달 정도에 관계없이 기본적으로 뇌가 있어야 운동의 결과로 생존이 보장되며, 생존 보장을 위해 운동을 하는 것이다. 동물의 운동 방식은 생활 방식에 따라 다르다. 공중 곡예하듯 나무를 타는 원숭이, 정교하게 활강하는 독수리, 수많은 발을 조화롭게 움직이는 지네에서 볼 수 있듯이 생활 방식에 맞춰 각자 독특한 운동을 한다.

그렇다면 운동은 어떻게 일어날 수 있을까? 뇌에서 시작된 신호가 척수를 따라 내려온 후에 근육의 수축이 일어난다. 다양한 근육을 조정하는 신경들이 근육의 위치에 따라 질서정연하게 척수에서 나온다. 척추뼈가 손상된 환자는 손상된 척수의 높이에 따라 다양한 정도의 운동 장애를 보인다.

뇌의 지시나 조정 없이 척수가 자율적으로 기능을 수행하는 경우도 있다. 이러한 운동을 '반사'라고 한다. 반사란 특정 자극에 대해 일정한 반응을 보이는 것을 뜻하며, 대표적 예로 무릎 반사가 있다. 무릎을 가볍게 두드리면 그에 대한 반응으로 종아리(무릎과 발목 사이의 부분—옮긴이)가 앞으로 뻗어 나와 무릎을 펴는 것이 무릎 반사다. 신경과학자들은 이를 '신장 반사'라고 부르는데, 그 이유는 무릎의 특정 지점을 두드리면 종아리를 지탱하는 근육의 힘줄이 눌려서 그 근육이 신장(伸張), 즉 늘어나기 때문이다. 근육은 늘어난 것을 보상하기 위해 수축하고, 그 결과 종아리가 앞으로 뻗어 나온다.

그러나 인간의 정상 운동은 의사가 두드리는 고무망치 같은 인위적 자극에 천편일률적으로 반응하는 것이 아니라 매우 다양하게 나타난다. 누군가 무릎을 두드려 주기를 기다렸다가 다리를 펴는 사람은 없다. 걸음, 수영, 달리기 등과 같이 대부분의 운동은

2장 시스템의 시스템 **65**

근육 집단들이 더 복잡한 조정을 거친 후에 일어난다. 그러나 이 운동들도 어떤 의미에서 반자동적이라고 할 수 있다. 걸음, 수영, 달리기처럼 잠재의식 상태에서 규칙적으로 일어나는 운동은 뇌간에서 내려오는 신호가 유발한다(1장 참조). 뇌간에 있는 여러 신경세포 집단에서 척수로 신호가 내려오고, 이 신호가 근육들로 하여금 적절한 수축을 반복하도록 만드는 것이다.

뇌간에서 척수로 내려오는 운동신경로에는 네 가지가 있다. 각각 수영같이 반사에 가까운 규칙적인 운동을 담당하거나, 시각이나 감각 정보에 따라 운동을 조정하거나, 평형 유지에 깊이 관여하거나, 한쪽 팔이나 다리의 운동을 매개한다. 그러나 때로 무시되지만 또 다른 유형의 운동도 존재한다. 그것은 네 가지 운동신경로의 조절을 받지 않는 손가락의 섬세한 운동이다. 손재주는 다른 모든 동물과 구별되는, 영장류만의 특징이다. 그 결과 인간은 도구를 만들고 사용하여 다른 어떤 동물도 누리지 못할 생활 방식을 영위하고 있다. 예를 들어 바이올린 연주자의 능수능란하고 빠르고 정확하며 독립적으로 움직이는 손가락은 진화의 위대한 유산이다.

다른 네 가지 운동신경로와는 달리, 손가락의 섬세한 운동을 일으키고 조절하는 신호는 척수 바로 위에 있는 뇌간에서 시작되지 않고 뇌의 맨 꼭대기에 있는 띠 모양의 피질 영역에서 시작된다. 이 피질 영역은 운동피질이라 불리며 머리띠 모양으로 대뇌를 가로지른다(1장 참조). 운동피질은 손가락을 담당하는 신경세포에 직접 신호를 내려 보냄으로써 그 정교한 운동을 조절한다. 그와 동시에 운동피질은 뇌간에 있는 다른 네 가지 운동신경로의 중추에 별도의 신호를 보내고, 다시 이 운동신경로들이 근육을 적절하게 수축시킴으로써 운동피질이 간접적으로도 운동을 조절한다. 운동피질은 부위별로 신체의 다른 부분을 조절하도록 분배되어 있다. 이때 손처럼 작은 부분에 배정된 운동피질은 좁고, 등처럼 넓은 부분에 배정된 운동피질은 매우 넓을 것이라고 생각할 수 있다. 그러나 이것은 전혀 사실이 아니다.

중요한 기준은 해당 부분이 해야 하는 운동의 정밀도임이 밝혀졌다. 즉 운동이 정교할수록 더 넓은 뇌 영역을 차지한다. 따라서 손이나 입이 차지하는 운동피질은 어깨나 등허리에 비해 훨씬 더 넓다. 어깨나 등허리가 차지하는 운동피질 영역은 제대로 표시하기조차 힘들 정도로 좁다. 등에서 일어나는 운동은 전혀 정교하지 않다 그림 4.

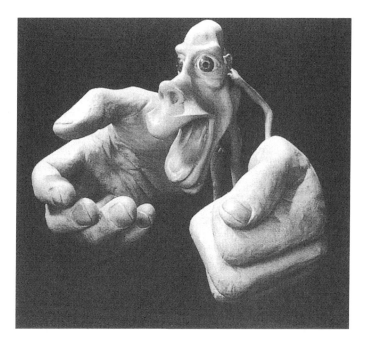

그림 4
신체 각 부분의 운동을 담당하는 피질의 넓이를 기준으로 인체를 재구성한 모형. 입과 손을 담당하는 뇌 세포가 매우 많다는 것을 알 수 있다.

운동피질은 운동을 일으키는 핵심적 존재다. 운동피질은 일부 손 근육을 직접 조절하여 정교한 운동을 일으킬 뿐 아니라 그보

다 하위에 있는 네 가지 운동신경로에도 영향을 미친다. 1장에서 한 통제 중추의 조절만 받는 뇌 기능은 없음을 살펴본 바 있다. 그러나 운동피질만은 뇌의 진정한 독점적 '운동 중추'로서 충분한 자격이 있다고 생각할 수도 있다.

하지만 사실은 전혀 그렇지 않다. 운동피질이 운동 조절에서 핵심적 존재이기는 하지만 운동 조절 기능을 독점하지는 않는다. 운동 중추라고 불릴 만한 곳이 두 가지 더 있는데, 바로 기저핵(바닥핵, basal ganglia)과 소뇌다. 운동피질에서 멀리 떨어진 이 두 곳 중 하나가 손상되면 심한 운동 장애가 다양하게 나타날 수 있다.

대뇌의 뒤에 있는 작은 소뇌는 1장에서 설명한 것과 같이 사람보다 닭이나 물고기에서 훨씬 더 중요한 기능을 담당할 것으로 생각된다. 모이를 쪼거나 바다를 헤엄쳐 나가려면 끊임없이 들어오는 감각 정보를 운동과 적절히 조화시키는 능력이 필요하다. 마당에 흩어진 모이에 다른 닭이 가까이 다가가고 있을 때에는 어떻게 움직일지 미리 생각하거나 계획할 겨를은 없다. 아마도 소뇌는 머릿속으로 생각한 후에 일으키는 운동보다는 외부 변화에 의해 유발된 자동 운동에 더 중요한 것으로 생각된다.

놀랍게도 1664년에 살았던 의사 토머스 윌리스(Thomas Willis)

도 소뇌에 관해 그런 견해를 갖고 있었다. 윌리스는 소뇌를 다른 뇌로부터 명실상부하게 독립된, 무의식적 운동을 담당하는 구조로 보고 글을 남겼다.(『뇌의 해부학(*Cerebri anatome: Cui accessit nervorum descriptio et usus*)』, 111쪽에서 인용.)

소뇌는 어떤 중요한 일을 담당하도록 설계된 동물 영혼의 기묘한 원천이며 뇌와는 완전히 다르다. 뇌에서는 우리가 의식하고 하고자 하는 모든 자발적 운동이 수행된다. 그러나 소뇌에 존재하는 영혼은 우리가 알아차리거나 신경쓰지 못한 상태에서 조용히 아무도 모르게 본연의 임무를 수행한다.

300여 년이 지난 오늘날에도 윌리스의 묘사는 여전히 유효하다. 소뇌를 다친 환자는 움직일 수 있지만 서투르게 움직인다. 피아노 연주나 춤처럼 감각과 운동의 조화가 요구되는 숙련된 운동을 할 때 특히 어려움을 느낀다. 소뇌는 감각으로부터 끊임없이 되먹임을 받는 운동을 할 때 중요하다. 이 감각은 그 다음에 일어날 운동을 유발하거나 이 운동에 영향을 미친다. 예를 들어 복잡한 문양을 종이에 베껴야 하는 경우를 상상해 보자. 그림을 그리는 손은 계속 눈의 감시를 받고 있다. 소뇌를 다친 사람은 이런 작업을 특히 어려워 한다.

인간은 주위 환경에 의해 즉각 유발되지 않는, 고난도의 운동을 더 많이 수행한다. 인간의 운동은 변화무쌍하며 다양하기 때문에 닭이나 물고기에 비해 뇌 전체에서 소뇌가 차지하는 비율이 작다. 그래도 소뇌는 중요하다. 그 이유는 소뇌가 담당하는 감각과 운동의 조화 기능은 의식적 사고를 필요로 하지 않는 숙련된 운동의 기초가 되기 때문이다. 이 운동은 연습을 통해 향상되어 거의 잠재 의식화된다. 이러한 까닭에 소뇌를 뇌의 자동 조종 장치라고도 부른다. 이 별칭은 오래전 윌리스가 기술했던 설명과 잘 들어맞는다.

최신 감각 정보에 의하여 보정을 받지 않는, 또 다른 종류의 잠재 의식 수준의 운동이 있다. 소뇌의 조절을 받는 운동과는 달리 기저핵과 관련된 운동은 일단 시작되면 바뀌지 않는다. 이 운동은 마치 시위를 떠난 화살과 같다. 일단 시작되면 멈출 수 없고 화살의 궤적도 변하지 않는다. 골프 스윙을 할 때 얄밉게도 공이 티 위에 그대로 남아 있는 경우가 있는데, 이것은 최종 순간에 운동을 교정할 수 없기 때문이다.

———

이 날아가는 화살 같은 운동을 담당하는 기저핵은 실은 여러 뇌 부위들이 서로 연결된 집단이다. 이 부위들 중 어느 하나라도 손상되면 심각한 운동 장애가 나타난다. 어느 기저핵 부위가 손상되느냐에 따라 거칠고 통제할 수 없는 운동이 나타나는 헌팅턴무도병(Huntington's chorea)이 될 수도 있고, 정반대로 움직이는 것 자체가 어려워지고 근육의 경직과 떨림(진전, tremor)이 동반되는 파킨슨병이 될 수도 있다. 헌팅턴무도병과 파킨슨병은 각각 선조체와 흑색질이라는 서로 다른 기저핵 부위에서 일어나는 병이다. 이 두 부위는 마치 시소나 팔씨름처럼 서로 맞물려 힘의 균형을 이루며 작용한다. 힘이 비슷한 두 사람이 시소를 타거나 팔씨름을 할 때처럼 정상인에서는 하나가 다른 하나를 계속 견제한다.

그러나 시소를 탄 상대가 훨씬 더 가볍거나 팔씨름 상대가 너무 약할 경우를 가정해 보자. 균형이 무너질 것이다. 즉 한 부위의 작용이 미약하면 다른 부위의 작용이 지나치게 강화된다. 비정상 운동의 원인으로 추정되는 것이 바로 이러한 상호 작용의 불균형이다. 헌팅턴무도병의 경우 작용이 미약한 곳은 앞부분에 있는 선조체고, 파킨슨병의 경우 작용이 미약한 곳은 뒷부분에 있는 검은 콧수염 모양의 흑색질이다.

이 두 부위는 매우 밀접하게 서로 연결되어 있기 때문에 두 힘의 균형을 되찾아 주는 약이면 어느 것이나 효과가 있을 것이다. 파킨슨병 환자에게 선조체의 작용을 억제하는 약을 투여해도 흑색질의 작용을 촉진하는 약과 비슷한 효과를 보인다. 반대로 흑색질의 작용을 억제하거나 선조체의 작용을 향상시키는 약은 모두 파킨슨병에는 해가 되지만 헌팅턴무도병 치료에는 매우 효과적이다. 기저핵은 여러 작은 부위로 이루어져 있는데, 이 각 부위들 역시 각각 자율적이고 독립적으로 행동하는 것이 아니고 서로 연결되어 끊임없이 정보를 주고받으며 작용한다.

역시 하나뿐인 운동 중추란 없다는 것을 알 수 있다. 반대로 운동은 우리가 의식하지는 못하지만 여러 유형으로 나뉘고, 각 유형은 서로 다른 기본적 뇌 영역의 조절을 받는다. 그러나 소뇌나 기저핵과 같은 이 뇌 영역들은 독립된 단위로 작용하지 않고 뇌의 바깥층인 피질과 정보를 주고받으면서 작용한다. 예를 들어 소뇌는 운동피질의 앞에 위치한 별개 영역인 외측전운동영역(가쪽운동앞구역, lateral premotor area)이라는 피질 부위와 많은 정보를 주고받으며, 기저핵은 보조운동영역(supplementary motor area)이라고 불리는 또 다른 피질 부위와 밀접하게 연결되어 있다. 실제로 보조운동

영역이 손상되면 파킨슨병과 놀랍도록 비슷한 장애가 나타날 수 있다.

정상 상황에서는 기저핵이나 소뇌 같은 피질밑 부위가 의식적 사고의 영향을 전혀 받지 않는 운동을 조절할 것이라는 추측도 일리가 있다. 예를 들어 붉은색 신호등으로 바뀌었을 때 자동차 브레이크를 밟는 행위는 자동 운동으로서, 실은 소뇌와 관련이 있다. 또 나른한 일요일 오후 안락의자에서 쉬고 있다가 마침내 몸을 일으키기로 결심했다면 실제 운동을 하는 데는 의식적 계획이 거의 필요하지 않을 것이다. 운동을 유발하는 감각은 없었지만 그래도 일어서는 행위는 자동적 행동이다. 심지어 일부 신경과학자는 이런 종류의 운동을 '운동 프로그램'이라고까지 부른다. 그 표현이 무엇이든 우리가 의식하지 못한 채 내부에서 유발된 이런 유형의 행동은 기저핵의 조절을 받는다. 하지만 이런 간단한 행동도 파킨슨병 환자에게는 매우 힘든 것이다. 이상의 사례에서는 기저핵과 소뇌 덕분에 피질이 시시각각 운동을 조절해야 하는 역할에서 해방될 수 있었다. 반면에 시위를 떠난 화살 같은 것이든 아니면 감각에 의하여 유발된 것이든 일부 운동은 어느 정도 의식의 조절을 받는 경우가 있다. 이 경우 보조운동영역과 외측전운동영역이라는 피질 부위가 각각 기저핵이나 소뇌라는 피질밑 부위와의 대화에서 더 강력한 주도권을 잡는다.

운동은 여러 뇌 부위가 마치 교향악단을 이루는 각각의 악기처럼 함께 작용하여 일어나는 최종 결과라고 할 수 있다. 일어나는 운동의 종류와 의식적 조절의 필요 여부에 따라 정확히 어느 뇌 부위가 관여할지가 결정된다. 또 파킨슨병 등의 환자를 관찰하면 뇌 부위 사이의 상호 작용이 너무 일방적일 때 나타나는 결과를 자세히 알 수 있다.

각 기능마다 뇌에 '중추'가 존재할 것이라는 생각은 얼핏 생각하면 매우 그럴듯하기 때문에 떨쳐 내기가 쉽지 않다. 감각에 대해 생각해 보면 더 그럴듯할지 모른다. 운동과는 달리 감각에는 명확한 자극, 예를 들어 빛이나 소리, 접촉, 맛 등이 존재하며, 이 자극으로부터 '신호'가 시작되어 뇌의 각 단계를 지나면서 처리된다. 이렇게 명확한 경로를 거치면 자연히 최종 시각 중추, 청각 중추에 도달할 것이다.

뇌에서 시작해서 척수를 지나 근육을 조절함으로써 운동을 통제하는 운동신경로가 존재하듯이, 척수로 들어간 후 뇌로 올라가는 신호가 존재한다. 이 신호들은 촉각과 통증에 관여하며 소위

2장 시스템의 시스템 **75**

몸감각 계통을 이룬다. 예를 들어 바늘이 피부를 뚫는 지점에서 피부 신경을 자극하면 이 신경은 신호를 척수에 전달한다. 이어서 이 신호는 척수를 따라 위로 중계되어 최종적으로 뇌의 맨 꼭대기에 도달한다. 이 꼭대기는 운동피질의 바로 뒤에 있는 몸감각피질이다.

척수를 지나 몸감각피질로 올라가는 감각신경로는 크게 두 가지로 나뉜다. 그중 하나는 하등동물에서 시작된 신경로로서 주로 통증과 온도 감각을 전달하며, 다른 하나는 새로운 것으로서 촉각과 관련된 정교한 신호를 전달한다. 더 기초적이고 오래된 감각신경로가 통증이나 온도 같은 기본적 생존 요소를 담당하고, 동물이 진화함에 따라 정교한 촉각을 포함하는 더 세련된 기술이 더욱 중요해진다는 점에서 이러한 두 체제는 얼핏 생각해도 그럴듯하다.

몸감각피질에 존재하는 여러 신경세포(뉴런)는 각각 인체 각 부분에서 일어나는 촉각에 반응한다. 비교적 좁은 부위인 손에서 시작된 감각은 역시 매우 좁은 피질 영역에 전달될 것이라고 생각할 수도 있다. 그러나 앞서 운동피질에서와 마찬가지로 신체 부위와 몸감각피질의 넓이는 반드시 비례하지 않는다. 손과 입이 엄청나게 큰, 불균형의 극치를 이룬다.

이렇게 신경세포가 불균형적으로 분배된 데는 이유가 있다.

손과 입을 담당하는 운동피질의 신경세포가 많기 때문에 바이올린 연주와 말하기가 가능하듯이, 몸감각피질에서도 손과 입이 큰 비율의 신경세포를 차지한다. 입과 손이 접촉에 가장 민감한 이유는 먹거나 손으로 만져서 느끼는 것이 인간의 가장 기본적인 행동이기 때문이다. 치과에서 국소 마취 주사를 맞아 본 적이 있다면 입이 움직임이나 접촉에 조금만 무감각해져도 얼마나 답답한지 알 수 있을 것이다.

　신체의 부위마다 촉각의 민감성이 다른 것은 아주 쉽게 확인할 수 있다. 컴퍼스의 두 끝을 비교적 가깝게 해서 몸에 살짝 대면 신체 어느 부위에 대느냐에 따라 한 점 또는 두 점으로 인식한다. 두 끝 사이의 거리는 일정한 데도 말이다. 예를 들어 민감도가 낮은 등허리에 대면 대체로 인접한 두 점을 한 점으로 인식한다. 그 이유는 피질에 배정된 신경세포가 적기 때문이다. 반면에 피질에 신경세포가 많이 배정된 손가락 끝에 대면 두 점으로 인식한다. 뇌 영역의 넓이는 그 신체 부위가 담당하는 과제의 중요성에 따라 결정된다. 하지만 신체 부위별로 다양하게 시작되어 척수를 통해 들어오는 정보가 아닌, 특수 감각 기관(눈, 귀 등)을 통해 들어오는 감각은 뇌에서 과연 어떻게 처리될까? 시각과 청각은 어떻게 시작될까?

사람보다 생활 방식이 단순한 동물은 신경계도 단순하며 복잡한 시각 정보를 처리할 필요가 없다. 예를 들어 개구리가 모나리자 그림을 자세히 감상할 수 있다 한들 무슨 소용이 있겠는가? 개구리 입장에서는 천적이나 먹이의 존재만 알면 된다. 따라서 개구리 눈의 망막은 그림자에만 민감하다. 이 그림자는 천적이나 먹이, 즉 앞뒤로 날아다니는 파리를 뜻한다. 개구리에게는 사물의 자세한 영상이 돼지 목에 진주목걸이기 때문에 아예 눈에 입력되지 않는다. 코르크 마개를 실에 꿰어 파리가 날아다니는 것처럼 흔들면 개구리는 혀를 내밀어 파리를 잡으려는 포식 운동뿐 아니라 입술을 핥는 미각 운동도 한다.

신체에 비해 눈이 복잡하거나 큰 동물일수록 뇌의 나머지 부분이 작아지는 것이 일반적 현상이다. 보다 고도화된 뇌가 아니라 초기 단계인 말초 기관, 즉 눈에서 대부분의 처리가 이루어지는데, 그 결과 이미 보정된 상태의 정보가 뇌로 들어온다. 곤충은 머리의 양옆에 서울랜드 지구별 돔을 닮은 겹눈을 가지고 있다. 각각의 겹눈은 약 1만 개의 낱눈으로 이루어져 있다. 각각의 낱눈은 저마다 다른 방향을 향하고 있다. 최대 3만 개의 낱눈을 가진 곤충도 있다. 빛이 각 낱눈을 통과하기 때문에 상이 엄청나게 확대된다.

그러나 낱눈의 렌즈는 초점을 맞출 수 없기 때문에 사람의 눈에는 전혀 적합하지 않다. 곤충에게 유리한 점은 머리를 움직이지 않고도 넓은 시야의 정보가 소수의 뇌 세포에 전달된다는 것이다. 낱눈이 많은 겹눈일수록 더 자세한 상을 얻을 수 있다. 겹눈은 시야의 변화와 편광에 매우 민감하지만 해상력은 높지 않다.

사람의 눈은 겹눈과 달리 공 모양이며 수정체를 기준으로 크게 두 공간으로 나뉜다. 수정체는 투명하며 탄력 있는 볼록 렌즈로서, 그 모양을 조절하는 힘줄에 매달려 있다. 멀리 보느냐 가까이 보느냐에 따라 수정체의 모양은 시시각각 변한다. 눈의 맨 앞에 있는 각막과 더불어 수정체가 초점을 조절할 수 있다. 홍채는 눈의 색을 결정하며 동공을 축소하거나 확장함으로써 빛의 양을 조절한다. 각막과 수정체 사이에는 맑은 액체가 들어 있다. 반면 수정체 뒤에서 눈의 대부분을 차지하는 또 다른 공간에는 젤리 비슷한 물질이 들어 있다.

눈의 맨 뒤에는 상을 감지하는 망막(retina)이 있다. 망막을 현미경으로 관찰하면, 세포들이 그물과 비슷하게 실 타래처럼 얽혀 있다. 라틴 어 *retus*는 그물(망)이라는 뜻이다. 빛을 감지한 망막 세포들은 그 변화에 반응하여 전기 신호 변화를 일으키고, 이 전기 신호는 이어달리기 하듯 두 번 더 망막의 다른 세포들을 거친 후에 시신경(시각 신경)을 통해 뇌로 전달된다.

'맹점'은 시신경이 망막을 벗어나 뇌로 출발하는 지점이다. 맹점에는 빛을 감지하는 세포가 있을 자리가 없다. 맹점은 눈의 중앙에서 약간 코 쪽으로 치우쳐 있다. 그 반대편, 즉 귀 쪽 망막에는 중심와(중심오목)라는 곳이 있다. 중심와는 빛에 민감한 특정 종류의 세포들이 빽빽이 모여 있는 곳으로, 약간 함몰되어 있다. 빛이 중심와에 도달하면 빛에 민감한 세포들이 많기 때문에 최상의 시력이 형성된다. 독수리 같은 맹금류의 중심와에는 사람보다 다섯 배 많은 세포들이 밀집해 있다. 또 독수리의 눈에는 중심와가 두 개 있다(사람의 눈에는 하나뿐이다.). 하나는 수색중심와로 측면 시야를 담당하고 다른 하나는 추적중심와로 깊이를 판단한다. 깊이 판단 과정에는 두 눈의 추적중심와가 모두 관여한다.

사람과 달리 새의 눈은 모두 고정되어 있다. 새는 옆을 보려면 눈이 아니라 머리와 목을 모두 돌려야 한다. 눈을 움직일 수 없다면 우리 삶은 매우 갑갑해질 것이다. 예를 들어 책을 읽을 때를 생각해 보라. 그러나 독수리나 사람 모두 전자기파인 빛이 안구로 들어가 망막에 도달하는 것은 같다. 그리고 빛을 감지하는 망막 세포들이 이 전자기파를 처리한다. 그중 색을 감지하는 세포를 원뿔 세포(추상 세포)라고 하며, 또 다른 세포를 막대 세포(간상 세포)라고 한다. 막대 세포는 어두운 상황에서의 시각을 담당하며, 세 종류의 원뿔 세포는 빛의 삼원색, 즉 빨간색, 초록색, 파란색 중 각각 주로 하나에 반응한다. 전자기파의 범위는 10미터(AM 라디오 파장)에서 부터 몇 나노미터(엑스선이나 감마선의 파장)까지 매우 넓다. 그중 사람의 눈이 감지할 수 있는 가시광선의 범위는 400에서 700나노미터까지다.

그렇다면 실제 빛 자극은 어떻게 뇌에 도달할까? 먼저 빛이 망막에서 전기 신호로 바뀌어야 한다. 어두운 곳에서는 신경 전달 물질이 막대 세포로부터 꾸준히 분비되어 망막에 있는 다음 단계 세포에 전달된다. 이때 빛이 처음 들어오면 막대 세포에 들어 있는 특수한 화학 물질, 즉 로돕신(시흥, rhodopsin)이 빛을 흡수한다. 빛을 흡수하면 로돕신의 화학 구조가 바뀌고, 이어서 막대 세포 속에서 일련의 화학 반응이 일어난다. 이 연속 반응의 최종 결과로 막대 세포의 전기적 특성이 변화한다.

어둠이 지속되는 한 계속 전달되는 이 신호에 변화를 일으키는 것은 바로 전기적 특성의 변화다. 전기적 특성이란 막대 세포에 의해 생성되는 전압이다. 빛을 감지하는 또 다른 유형의 세포인 원뿔 세포의 경우, 빨강, 초록, 파랑의 파장에 최적의 민감성을 지닌 서로 다른 원뿔 세포들이 선별적으로 특정 파장의 빛에 반응함으로써 색채 감각을 전달한다. 색깔의 종류에 따라 서로 다른 조합의 원뿔 세포들이 서로 다른 비율로 자극된다. 예를 들어 노란색 빛의 파장은 빨간색 담당 원뿔 세포와 녹색 담당 원뿔 세포를 동수로 자극하여 노란색으로 인식된다.

앞에서 전자기파가 망막 세포에서 전기 신호로 변환된다는 것을 알았다. 하지만 망막은 시야에 있는 모든 대상을 균일하고 동등하게 전달하지 않는다. 이 상은 크게 왜곡된 상태로 뇌로 중계된다. 예를 들어 대상에 균일한 부위가 많으면 약한 신호만 전달되지만, 대비가 뚜렷하면 시각 신호가 강력해진다. 실제 망막은 변화를 감지하는 데 관여할 뿐이다. 그러나 윤곽을 기준으로 대비되는 공간적 변화만 있는 것이 아니라 시간적 변화, 즉 운동도 존재한다. 망막은 움직이지 않는 대상에 더 이상 반응하지 않는다. 그 까닭은 망막이 '적응'하기 때문이다. 그러나 망막은 여전히 운동을 감지하여 신호를 전달할 수 있는 능력을 가지고 있다. 상태가 변화해야 신경계가 더 쉽게 감지한다는 사실은 계속 켜져 있는 불빛보다 깜박거리는 것이 눈에 더 잘 띄는 현상을 생각하면 쉽게 이해할 수 있다. 변화가 없는 경우보다 상황의 변화에 우리의 생존이 더 크게 좌우되는 것은 너무도 당연한 일이라 하겠다.

안구 자체는 독립된 시각 중추가 아니다. 오히려 안구는 출발점이다. 이곳에서부터 모든 중요한 신호가 뇌에 전달되어 가공된 후 실제 시각이 형성된다. 망막 세포에서 시작된 전기 신호는 맹점을 통해 빠져나오는 시신경 섬유를 따라 전달되어 뇌 깊숙한 곳에 있는 시상(thalamus)에 도달한다. 시상을 뜻하는 thalamus는 그리스 어로 '방'을 뜻하는 말에서 유래한 것이다. 시상은 뇌의 한가운데 부분인 간뇌(사이뇌, diencephalon)의 대부분을 차지하는데, 시상에 도달한 시각 정보는 계속해서 뒤통수 쪽 대뇌의 바깥층에 있는 시각피질에 전달된다. 신경과학자들이 시각피질의 일부가 손상된 환자들을 연구한 결과, 이 부위에서 일어나는 현상을 이해하는 데 큰 도움이 되는 흥미로운 사실을 알게 되었다.

예를 들어 시각피질 내 특정 영역의 신경세포가 손상된 40대 여자 뇌졸중 환자가 있었다. 이 환자는 정지된 물체나 사람은 모두 볼 수 있었지만 움직이는 대상은 볼 수 없었다. 만일 그녀가 차를 따르고 있다면 얼음처럼 정지해 보일 것이다. 실제로 환자는 차 따

르기를 멈추지 못하기 때문에 이런 일에 종사할 수 없다. 차가 찻
잔에 어느 정도 찼는지 볼 수 없기 때문에 언제 멈춰야 할지 알 수
없다. 이 환자는 대화할 때 상대방의 입의 움직임을 알 수 없어서
어려웠다고 털어놓았다. 더 심각하고 위험한 것은 자동차의 움직
임을 알 수 없다는 것이었다. 먼 곳에 있던 자동차가 그 다음 순간
갑자기 거의 앞에 와 있곤 했다. 반면에 소리나 촉각을 통해서는
움직임을 감지할 수 있었다.

　이와 비슷한 사례들이 제1차 세계 대전 이래로 보고되었다.
의사들이 전투 중에 머리에 손상을 입은 환자들을 정밀 검사할 수
있었기 때문이다. 당시 부상자들을 치료했던 의사 조지 리독
(George Riddoch)은 움직임은 볼 수 있지만 모양이나 색깔은 볼 수
없는 환자가 있다고 보고했다. 이것은 바로 앞에서 언급했던 여성
환자와는 반대의 사례였다. 시각 기능이 정상인 사람도 자주 이런
현상을 경험할 수 있다. 만일 시야의 가장자리 부분에서 뭔가 움직
인다면 움직임 자체는 알 수 있지만 그게 무엇인지 정확히 알 수 없
다. 고개를 돌려야 정확히 볼 수 있다.

　이와 비슷하게 모양과 운동은 볼 수 있지만 색깔은 알지 못하
는 환자도 있다. 망막 원뿔 세포가 결핍되거나 색깔 인식에 결정적

으로 중요한 뇌 부위가 좌우 모두 손상된 환자는 잿빛 그림자로만 이루어진 세상에서 살아야 한다. 그러나 한쪽 뇌에서만 손상이 일어난 경우 반쪽 세상은 천연색, 다른 반쪽은 흑백으로 보인다.

그밖에 운동과 색깔은 알아볼 수 있지만 형태는 알아보지 못하는 경우도 있다. 인식불능증(실인증, agnosia)은 사물을 볼 수는 있지만 인식하지 못하는 증상을 뜻한다. 그리스어 agnosia는 '보고도 알아보지 못함.'이라는 뜻이다. 인식불능증의 정도는 환자에 따라 다르며, 같은 환자인데도 이따금 형태를 잘 인식하는 경우도 있다. 이렇게 증상이 매우 다양하게 나타나는 것은 무엇 때문일까? 한 가지 이유가 시각 전문가인 세미르 제키(Semir Zeki)에 의해 제시되었다. 즉 우리 뇌에서 이루어지는 형태 형성 과정이 단순한 모양에서 단계적으로 복잡한 것으로 조립되는 것이라고 가정하면, 각 형태 형성 단계에서 발생한 이상에 따라 사람마다 다른 장애를 보일 것이라고 추론할 수 있다. 따라서 일부 환자는 다른 환자에 비해 훨씬 더 다양한 형태를 인식할 수 있을 것이다. 제키는 이해하는 것과 보는 것이 별개의 과정이 아니라 불가분의 관계일 것이라고 주장했다. 즉 무언가를 보면 자동으로 인식된다는 것이다. 반면 눈앞의 물체도 보지 못하는 경우가 있는데, 제키는 그 이유가 복잡한 형태를 인식하는 상위 통합 과정이 붕괴되었기 때문이라고 주장한다. 이 경우 그 사물을 인식하지 못할 것이 분명하다. 누구나 정도의 차이는 있지만 형태를 인식하지 못할 수 있다.

앞에서 설명한 사례를 놓고 보면 모양, 운동, 색을 보는 과정들은 서로 독립적으로 일어날 수 있음이 분명하다. 최소한 시각의 처리 과정만은 부분적으로 동시에 일어난다는 것이 현재의 지배적인 견해다. 즉 여러 시각 신호가 동시에 처리되지만 서로 다른 뇌 부위에서 따로따로 처리된다는 것이다. 시각의 서로 다른 측면인 형태, 움직임, 색깔을 서로 연결된 전체로서 생각할 수도 있다. 그러나 이 측면들은 적어도 부분적으로 각각 다른 과정에서 처리된다. 이 과정들은 망막에서부터 대뇌의 시각피질까지 이어달리기 하듯 연결되어 있다. 운동의 경우처럼 하나의 신체 기능은 서로 다른 뇌 부위들이 함께 작용하여 이루어진다. 시각도 그런 경우 중 하나다. 그렇다면 서로 다른 부위에서 처리된 이 모든 것이 하나로 모이는 과정이 큰 의문으로 남는다. 또 동시에 처리된 모든 시각 신호들이 하나로 모이는 곳은 뇌의 어느 부위일까?

서로 다른 경로들이 마치 철로가 서울역으로 모이듯 뇌의 특정 부위로 집중된다고 주장하는 사람들이 있다. 이러한 견해는 어떤 의미에서 최신식 골상학 이론이라고 폄하될 수 있다. 뇌에 한두 개의 서울역이 있다고 가정해 보자. 서울역에 해당되는 뇌 부위가 손상되면 그 결과 시각은 완전히 상실될 것이다. 그러나 이런 일은 벌어지지 않는다. 즉 이것은 뇌가 단순히 여러 개의 작은 뇌들이 모여서 형성된 것이 아님을 말해 주는 또 다른 증거다. 뇌 부위들 사이의 연결은 하나의 실행 중추로 모이지 않는다. 대신 중요한 뇌 부위들이 서로 균형 있게 정보를 교환하는 형태를 취하는 것으로 보인다. 이것은 운동에서와 마찬가지다.

그러나 서로 다른 뇌 부위들이 동시에 상호 작용한다는 설명 만으로는 "실제 시각은 어떻게 일어나는가?"라는 의문에 답할 수 없다. 이 의문은 신경과학의 가장 큰 수수께끼 중 하나다. 그동안 시각이 이루어지는 복잡한 과정을 이해하는 데 큰 진전이 이루어 져서, 시각 처리가 일어날 때 어느 뇌 부위가 언제, 어느 상황에서 활동하는지 알려져 있다. 그러나 이런 반응은 뇌가 마취되어 의식 이 전혀 없을 때도 지속될 수 있다. 깨어 있을 때만 일어나고 마취 된 뇌에서는 일어나지 않는 현상은 어느 하나도 보고된 바 없다. 만일 그런 현상이 일어난다면 시각이 일어나는 과정을 기능적, 구 조적으로 명확하게 확인할 수 있을 텐데 말이다.

완전히 깨어 있는 환자에서 뇌의 시각 형성 과정과 시각의 인식이 서로 전혀 다른 경우가 있기 때문에 이 수수께끼는 더 복잡해진다. 먼저 제1차 세계 대전에서 머리 손상 때문에 일어났다고 보고된 후 1970년대에 다시 연구된 실명(blind-sight)에 대해 생각해 보자. 이 환자들은 시야의 특정 부분에 있는 대상을 보지는 못했지만 '추정'해 보라고 주문하면 볼 수 없다고 말했던 대상이 어디에 있는지 가리킬 수 있었다. 뇌가 작용하고 있음은 명백하지만 실제 보고 있는 대상은 인식하지 못한 것이다. 제키나 물리학자인 에릭 하스(Eric Harth) 같은 일부 학자는 신경 회로의 연결이 잘 유지되는 것이 가장 중요하다고 주장하고 있다. 앞에서 살펴본 바와 같이 각 뇌 부위는 시소를 탄 사람에 비유할 수 있는데, 이때 두 사람 사이의 균형과 상호 작용이 뇌의 각 부위 자체보다 더 중요하다. 하스는 감각에 관련된 신호가 피질에 전달되어 가공될 뿐 아니라 반대로 피질에서도 신호가 내려와서 피질로 전달되는 정보에 개입하여 이를 수정한다고 주장한다. 이러한 피질의 작용이 활발할수록 더 기이하고 현실과 동떨어진 인식을 하게 될 것이다. 제키는 실명의 원인을 해석하는 데에도 이 되먹임 경로를 이용한다.

제키는 신경 회로의 균형이 무너지기 때문에 실명이 일어난다고 주장한다. 신호가 가공되어 뇌에 중계되기는 하지만 시각의 인식이 일어나지 않는데, 그 이유는 뇌 부위들 사이에서 정보 교환이 계속 일어나던 특정 경로가 더 이상 작동하기 않기 때문이라는 것이다. 그러나 이 주장으로는 완전히 설명할 수 없는 설명과 관련된 매우 흥미로운 현상이 있다. 즉 뇌가 손상된 정도 외에도 실명 환자의 반응 방식을 결정하는 또 다른 요인들이 존재한다. 이 요인들이 작용하면 보이지 않던 물체가 보이게 된다. 예를 들어 가만히 있던 시각 대상을 움직이는 경우이다. 그렇다면 아마도 대상을 시각적으로 최종 인식하기 위해서는 신경 회로의 완전성뿐 아니라 대상의 특성도 중요할 것이다.

시각 장애를 일으키는 뇌 손상의 또 다른 예는 실명의 반대, 즉 얼굴인식불능증(안면실인증)이다. 이 증상을 가리키는 영어 단어 prosopagnosia는 '얼굴을 보고도 알아보지 못함.'이라는 뜻을 가진 그리스 어에서 유래한 단어다. 실명이란 인식하지만 알지 못하는 것이고, 얼굴인식불능증은 인식하지 못하지만 아는 것이다. 이 환자에게 사람의 사진을 보여 주면 얼굴인지는 알지만 누구인지 인식하지 못하며, 심지어 자신의 얼굴조차 인식하지 못한다. 그러나 관련이 있는 얼굴을 제시함으로써 얼굴을 심리적으로 '더 강력하게' 만들면 크게 달라질 수 있다. 예를 들어 영국의 찰스 왕세자 사진을 보여 준 후 다이애나 왕세자비 사진을 보여 주면 왕세자비 얼굴을 알아보는 경우가 자주 있다. 이제 감각의 인식이 한 요인에만 의존하지 않는다는 또 하나의 예를 알게 되었다. 그러나 이 요인들이 어떻게 우리로 하여금 망막에 도달한 대상을 처리하게 만들고 시각으로 인식할 수 있게 하는지에 대해서는 여전히 아무것도 모른다.

감각이 주관적이라는 것도 수수께끼 같은 특성이다. 예를 들어 단순한 진동보다 청각이 훨씬 더 주관적이다. 우리는 교향곡을 진동으로 듣지 않듯이 얼굴을 선과 명암으로 보지 않는다. 오히려 우리의 지각은 기억, 희망, 편견과 기타 내적 인식 특성으로 가득 찬 하나의 통합된 존재라고 할 수 있다.

이와 관련되어 또 다른 궁금한 점은 시각피질에 도달하는 전기 신호는 시각 경험으로 나타나는데 왜 똑같은 종류의 전기 신호가 다른 뇌 부위, 즉 몸감각피질이나 청각피질에 도달하면 각각 촉각이나 청각으로 인식되는가 하는 것이다. 아직 그 누구도 만족할 만한 해답을 제시하지 못하고 있다. 경험을 통해 청각과 시각을 구별하는 법을 배운다는 설명도 있고, 각 감각 체계가 어떻게든 특정 유형의 활동과 연결되어 있어서 그 결과 청각과 시각이 뚜렷하게 구별된다는 설명도 있다.

그러나 감각의 구별이 불가능해져서 감각이 혼합되는 잘 알려진 예도 있다. 공감각(synesthesia)이 그것이다. 공감각 증상을 보이는 환자가 음악도 색깔로 '볼' 수 있다고 주장하는 경우가 있다. 이때 다섯 가지 감각 중 어느 두 가지의 조합도 가능하지만 가장 흔한 예는 여러 소리를 듣는 청각에 여러 색깔의 시각이 겹치는 것이다. 공감각은 어린이에게서 더 많이 일어나는 경향이 있지만 정신분열병 환자나 환각제를 복용한 환자에게서도 흔히 일어난다. 그렇다면 감각을 구별하는 것은 정상적인 뇌의 체계에 기인한 것임에 틀림없다. 단 정신적 동요가 있으면 감각의 구별이 영향을 받는다. 한 가지 설명은 공감각 환자의 뇌에 또 다른 연결 경로가 있어서 문제의 감각 기관이 정상적으로 연결되어야 할 감각피질뿐만 아니라 다른 감각피질에도 연결된다는 것이다. 그러나 이 설명은 별 가능성이 없다. 그 이유는 공감각 경험의 가변성을 설명하지 못하기 때문이다. 다시 말하면 이런 상태는 특정 상황에서만 일어나기 때문이다. 더 현실성이 높은 설명은 각 감각의 일차 처리를 담당하지 않는 피질 영역, 즉 연합피질이 어떻게든지 관여한다는 것이다.

—

1장에서 인류의 가장 가까운 친척인 침팬지와 비교해도 인간의 연합피질이 매우 넓다는 것을 알았다. 연합피질에서 특정 감각을 담당하는 피질로 전달되는 정보가 어떤 이유에서 엉뚱한 곳으로 갈 가능성이 있다. 이러한 해석을 통해서 어린이에게서 공감각이 더 자주 일어나는 이유를 설명할 수 있다. 이 시기는 감각의 구별을 배우기 전이고, 뇌의 신경세포들이 더 느슨하게 연결되어 있다. 따라서 하나의 감각이 융통성 있게 여러 용도로 쓰일 수 있다. 그 자세한 내용은 4장에서 다룰 것이다. 정신분열병 환자에게서 갑자기 공감각이 나타나는 것은 신경세포들의 연결 상태 이상 때문일 수도 있지만 신경세포의 기능 이상 때문일 수도 있다. 그러나 공감각은 주관적 관점에 따라 결정되기 때문에, 즉 개인이 직접 체험하는 것이기 때문에 정확한 설명은 불가능하다. 공감각은 뇌의 궁극적 수수께끼인 의식의 한 단면이라고 할 수 있다.

지금까지 우리는 개인의 고유한 의식이라는 사적인 내면 세계가 감각 정보의 유입에 따라 어떻게 영향을 받고 운동이라는 표현에 반영되는지를 살펴보았다. 인간은 환경에 관한 자세한 정보를 쉴 새 없이 받아들여 개별 상황에 맞게 빨리 반응함으로써 환경과의 끊임 없는 대화를 유지한다. 이 대화가 얼마나 격렬하고 효율적일지를 결정하는 또 다른 요인은 각성 수준이다. 잠들었을 때는 주위를 전혀 인식하지 못하며 돌아다니지도 않는다. 반대로 고도의 각성 상태에서는 주의가 산만해져서 주위의 사소한 변화에도 지나치게 민감하게 반응하며 쉬지 않고 무의미하게 돌아다닌다. 우리가 중간 정도의 각성 상태를 유지할 때 가장 효율적으로 작업한다는 사실을 심리학자들이 이미 오래전에 밝혔다. 그렇다면 우리의 전반적인 정신 상태를 평가할 때 각성 수준도 중요하게 고려해야 한다.

　　우리는 각성의 양 극단에 익숙하다. 잠들었을 때는 각성 수준이 낮지만, 지나치게 활동적이고 주의가 산만하며 가슴이 뛰고 손에 땀이 찰 때는 지나치게 흥분된, 즉 각성 수준이 지나치게 높은 상태다. 인간은 항상 다양한 수준으로 각성 상태를 유지한다. 밤낮에 따라 또는 감정이나 질병 상태에 따라 뇌간의 화학 물질 집단들 중 어떤 것은 활성화되고 어떤 것은 활성화되지 않는다. 이렇게 활성화된 화학 물질을 통해 신호가 광범위한 대뇌피질로 전달되어 뇌 세포로 이루어진 여러 신경 회로의 작용을 전반적으로 조절함으로써 각성 상태가 조절된다. 각성 상태를 평가하는 한 가지 방법은 넓은 피질 영역에 걸쳐 일어나는 평균적 전기 작용의 변화를 측정하는 것이다.

　1875년, 영국 생리학자인 리처드 케이튼(Richard Caton)은 토끼와 원숭이의 뇌에서 나오는 약한 전류를 기록했음을 영국 의학 잡지에 발표했다. 그러나 당시에는 큰 주목을 받지 못했다. 그 후 15년이 지나서 폴란드 생리학자인 A. 베크(A. Beck)와 오스트리아의 플라이슐 폰 막소폰(E. Fleischel von Marxow) 사이에 서로 자신이 최초로 뇌에서 전기 작용을 발견했다고 주장하는 다툼이 벌어졌다. 하지만 케이튼이 자신의 옛 논문을 들고 나오면서 논란에 종지부를 찍었다. 이 발견의 의학적 의미는 50년이 지난 1929년에 독일의 정신과 의사인 한스 베르거(Hans Berger)가 처음으로 사람 뇌의 전류를 기록하면서 비로소 밝혀지기 시작했다.

　전극을 머리 표면에 설치하면 다양한 종류의 뇌파가 검출된다. 당시 베르거는 이 전기 신호가 정신 에너지를 보여 주는 것이라고 굳게 믿고 이 신호를 P 에너지라고 명명했다. 이것이 현재도 신경과에서 널리 쓰이는 검사인 뇌파도(뇌전도, electroencephalogram, EEG)의 시작이었다. 뇌와 정신의 특수 에너지라는 베르거의 주장과는 달리 뇌파도는 뇌 표면의 바로 밑에 존재하는 수백, 수천의 뇌 세포에서 발생한 전기의 파장을 기록한 것이다.

뇌파도를 통해 뇌파의 모양만 알 수 있는 게 아니라 어떻게 변하는지도 알 수 있다. 즉 그 양상은 각성 수준에 따라 변한다. 긴장이 풀리고 의식이 있는 상태에서는 느린 파장이 나타나는데, 주로 뒤통수 쪽에서 기록된다. 이것을 알파파라고 부르는데, 긴장을 풀면 실제로 알파파가 나타난다. 오늘날에는 많은 사람들이 긴장을 제대로 풀지 못하고 있다. 그 결과 현대의 가장 큰 골칫거리 중 하나인 만성 스트레스에 시달린다. 이 사람들이 긴장을 해소하도록 도와주는 방법 중 하나가 언제 알파파가 나타나는지 알려 주는 것이다. 사람의 뇌파도를 장난감 전기 기차에 연결하여 알파파가 나타날 때만 기차가 달리도록 한 매우 기발한 방법도 개발되었다. 사람 스스로 기차가 움직이는 방법을 익힐 수 있다. 반면에 흥분하고 각성 수준이 높아지면 뇌파의 양상이 변한다. 이 뇌파는 신경세포가 집단적으로 작용하지 않고 더 자율적으로 작용하는 상태를 뜻한다.

뇌파도 양상은 나이에 따라서도 변할 수 있다. 이르면 어머니 자궁에 있는 3개월 된 태아에서도 전기 작용을 기록할 수 있다. 태아가 6개월이 되어야 비로소 뇌파도가 느리고 규칙적인 파장으로 변한다. 10살이 되기 전에는 두 가지 매우 느린 뇌파가 나타난다.

그중 하나는 초당 4~7회 진동하는 세타파이고, 다른 하나는 초당 1~4회 진동하는 델타파다. 그러나 의식이 있는 건강한 성인에서는 델타파가 나타나지 않는다.

뇌파도는 정상 뇌의 연구뿐만 아니라 간질 등의 뇌 질환을 검사하는 데에도 중요하다. 간질 환자의 뇌에는 작은 전기 폭풍을 일으키는 뇌 세포 집단이 있다. 이런 전기 폭풍이 일어나면 환자는 경련을 일으킨다. 이때 이 환자의 뇌파도를 기록하면 폭발적인 전기 흥분이 감지되고 손상된 뇌 조직의 위치를 알 수 있다.

뇌파도의 또 다른 용도는 잠들었을 때 뇌에서 어떤 일이 일어나는지 들여다볼 수 있는 흥미로운 자료를 제공한다는 것이다. 수면에는 네 단계가 있는데, 각 단계마다 서로 다른 양상의 뇌파가 나타난다. 잠이 들면 제1단계에서부터 매우 **빠르게** 제2, 제3단계를 거쳐 제4단계까지 내려간다. 수면이 진행되는 동안 사람의 수면 상태는 이 네 단계 사이에서 단계적으로 부침을 거듭한다.

한 번 잠을 잘 때마다 몇 바퀴 순환하는 수면의 네 단계뿐 아니라 전혀 다른 또 하나의 수면 단계가 존재한다. 이 단계를 렘수면 (rapid eye movement sleep, REM 수면, 눈이 빠르게 움직이는 수면 상태를 가리킨다.—옮긴이)이라 하는데, 그 이유는 이 수면 단계에서는 눈이 더 빠르게 움직이기 때문이다. 렘수면 중인 사람을 깨운 후 물어보면 대개 꿈을 꾸던 중이었다고 답한다. 눈이 앞뒤로 움직이는 것은 꿈에서 움직이는 영상을 보기 위한 것이라고 쉽게 상상할 수 있다. 흥미롭게도 꿈을 꾸는 수면 상태에서의 뇌파도는 꿈을 꾸지 않는 수면 상태와는 달리 깨어 있을 때의 뇌파도와 꼭 같다. 그러나 꿈을 꾸지 않는 일반 수면 상태에서는 몸을 뒤척일 수 있지만 렘수면 상태에서는 근육이 마비된다. 이렇게 몸을 움직일 수 없는 것은 중요한데, 왜냐하면 그래야 현실로 착각하고 행동하지 않기 때문이다.

렘 수면의 비율은 동물마다 다르다. 파충류에서는 전혀 나타나지 않으며, 조류에서는 가끔 나타난다. 그리고 포유류는 뇌파도 측정 결과를 볼 때 모두 다 꿈을 꾸는 것 같다. 사람의 평균 수면 시간은 약 7.5시간이며, 그중 1.5~2시간 동안 꿈을 꿀 수 있다. 이렇게 렘 수면이 전체 수면 시간 중 상당 부분을 차지하는 것으로 봐서 렘 수면에는 어떤 의미가 있을 것이다. 우리가 꿈을 꾸는 이유에 대해서는 몇 가지 설이 제시되어 있다.

그중 한 가지 설은 주위 환경으로부터 들어오는 생생한 현실 정보가 뇌를 더 이상 속박하거나 제한하지 않기 때문에 뇌가 제멋대로 움직이기 시작한다는 것이다. 이 상황은 특별한 계획 없이 직장을 하루 쉬는 것에 비유될 수 있다. 그러나 꿈이란 단순히 뇌가 빈둥거리는 것 이상임에 틀림없다. 실제로 꿈이 이롭다는 것을 시사하는 증거가 있다. 뇌파도상으로 렘수면일 때 깨어난 사람은 다음 날 밤에 보충하고자 하기 때문에 렘수면 시간이 늘어난다. 한 실험에서 자는 사람을 뇌파도가 렘수면 상태를 나타낼 때마다 깨웠다. 첫날 밤에는 평균 10회 깨웠지만 여섯째 날에는 뇌가 꿈의 세계로 빠져들고자 계속 헛수고했기 때문에 36회나 깨우게 되었다.

또 다른 설은 꿈이 문제점을 해결하고 낮에 일어났던 모든 일을 정리할 기회를 제공한다는 것이다. 성인의 꿈에는 이런 용도가 있을 수 있지만 주된 용도는 아닌 것으로 보인다. 26주 된 태아는 모든 시간을 렘수면으로 보내지만 정리하거나 해결할 거리가 있을 리 없다. 그 후 소아기를 지나면서 꿈 꾸는 시간은 서서히 줄어든다. 이러한 사실로 미루어 볼 때, 꿈을 꾼다는 것은 신경 회로의 발달 상태가 매우 미흡하여 뇌 기능이 아직 미성숙한 상태임을 반영한다고 생각된다. 즉 꿈은 의식의 일종으로, 뇌 부위들 사이의 정보 교환이 덜 왕성하기 때문에 일어나는 것으로 해석된다. 정보 교환이 왕성하지 못한 이유는 뇌 부위 사이를 연결하는 신경 섬유들이 아직 완성되지 못했기 때문일 것이다.

만일 이 설이 옳다면 매우 흥미로운 두 가지 결과를 예상할 수 있다. 첫째, 우리가 렘수면 상태일 때 뇌 부위들 사이의 정보 교환이 크게 줄어든다. 둘째, 정신분열병 환자의 의식 상태는 종종 꿈과 매우 유사하게 비논리적이면서도 매우 생생하다는 사실이 밝혀져 있다. 따라서 정신분열병의 핵심적 문제는 뇌 부위들 사이의 정보 교환이 감소하는 장애가 생겨 현실을 꿈처럼 인식하게 되는 것이라고 볼 수 있다. 꿈의 기능은 문제를 정리하는 것이라고 결론을 내릴 수도 있지만, 뇌가 너무 많은 감각 정보를 처리할 수 없는 상황이기 때문에 꿈을 꿀 가능성이 더 높다. 감각 정보를 처리할 수 없는 원인에는 잠이 들었거나, 뇌가 아직 덜 발달한 어린이거나, 또는 정신분열병처럼 뇌 부위들 사이의 대규모 정보 교환이 비효율적인 경우 등이 있다. 그러나 꿈 역시 의식의 또 다른 단면이기 때문에 위에 언급한 꿈의 원인과 기능은 추측에 불과한 실정이다.

그런데 완전 무의식 상태에 빠지는 보통 수면의 기능은 무엇일까? 사실 이것은 매우 중요한 문제다. 수면이란 매우 위험한 일이기 때문이다. 3만 년 전 크로마뇽인 시대에는 잠든다는 것은 지나가는 맹수의 공격에 무방비 상태로 노출된다는 것을 뜻했다. 따라서 하루에 8시간씩 무력한 상태가 되는 것을 보상할 정도의 큰 혜택이 있어야 한다. 깨어 있을 때에 비해 잠들었을 때 뇌에서 단백질이 훨씬 더 빨리 합성된다는 사실이 현재 알려져 있다. 단백질은 신경세포를 포함한 모든 세포의 구조를 유지하는 데 필수적이며 기능의 기본이 되는 거대 분자다. 즉 수면을 함으로써 적절한 뇌 기능 유지에 필수적인 화학 물질들을 비축할 기회를 얻을 수 있다. 적절한 뇌 기능에는 학습이나 기억처럼 의식적 과정뿐 아니라 체온 조절과 같은 무의식적 과정도 포함된다.

음식과 산소를 섭취하여 얻은 에너지 중 즉각 열로 변환되어 이용되는 것은 일부분에 불과하다. 나머지 에너지는 뇌를 비롯한 신체의 필수 기능을 위해 저장된다. 만일 하루에 3시간 동안만 자야 한다면 이 필수 기능의 대부분은 1주일 내로 쇠퇴하기 시작할 것이다. 만일 잠을 잘 수 없다면 에너지가 효율적으로 저장되지 않고 즉각 열로 발산되어 낭비되는 에너지가 더 많아질 것이다. 이와 같이 잠을 계속 제대로 잘 수 없는 사람은 결국 기력이 소진될 것이다. 만일 장기간 잠을 자지 못하게 하면 쥐는 에너지를 회복하기 위해 점차 더 많은 먹이를 섭취하게 된다. 그리고 엄청난 식사량에도 불구하고 쥐는 결국 몸무게가 감소하여 지쳐 죽게 된다. 그만큼 수면은 생명 유지에 중요하다.

뇌와 그 각성 체계에서 관심을 끄는 또 다른 특징은 뇌가 언제 잠들지를 '알고 있다'는 사실이다. 최소한 사람 이외의 여러 동물에서 수면과 각성에 중요한 역할을 하는 뇌 부위가 존재한다. 바로 송과체(송과샘, pineal gland)다. 송과체는 뇌 가운데 깊숙이 존재한다. 다른 대부분의 뇌 부위는 좌우 대칭으로 한 쌍이 존재하지만 송과체는 뇌의 정중선에 걸쳐 하나만 존재한다.

이러한 이유 때문에 약 300년 전 철학자 르네 데카르트(René Decartes)는 바로 송과체에 영혼이 존재한다고 생각했다. 데카르트의 논리에 따르면 송과체는 하나뿐이며 영혼도 하나뿐이기 때문에 송과체가 영혼이 위치하는 곳이어야 한다.

오늘날 우리는 송과체가 수면과 각성 상태의 조절에서 중요한 역할을 한다는 것을 알고 있다. 새는 머리뼈를 통해 들어오는 빛에 직접 자극을 받는다. 새의 송과체를 해부하여 완전히 분리한 후에도 빛에 대한 송과체의 반응성은 유지된다. 송과체는 밝았다가 어두워지는 상황에서는 반응하지 않는다. 대신 어두웠다가 갑자기 밝아지면 반응한다. 그 결과 수탉이 깨어난다. 송과체에서는 멜라토닌(melatonin)이라는 호르몬이 분비된다. 뇌의 멜라토닌 함

량은 시간에 따라 변하는데 멜라토닌 농도가 높아지면 곧 수면이
시작된다. 실제로 멜라토닌을 참새에 주입하면 참새는 곧 잠에 빠
진다. 이런 단순한 현상이 고등 동물인 사람과는 무관하다고 생각
할 수도 있지만 현재 미국에서 멜라토닌이 시차 극복 치료제로 인
기를 끌고 있다는 사실에 주목할 필요가 있다. 새로운 시간대에 도
착한 후 자기 직전에 멜라토닌 한 알을 복용하면 더 빨리 잘 수 있
고 충분한 시간 동안 수면을 취할 수 있다는 이유에서다. 사람에서
수면과 각성 상태가 반복되는 주기를 조절하는 요인은 다양하다.
이 외부 요인들이 얼마나 중요한지는 사람을 동굴에 가둬 외부 세
계와 격리된 채 살아가게 하는 실험을 통해서 알 수 있다.

영국의 한 예비역 공군 장교 데이비드 래퍼티(David Lafferty)는
1966년 데일리 텔레그래프 신문사가 실시한 한 실험에 자원했다.
지하 약 120미터에 위치한 동굴에 고립된 채로 100일 이상 체류하
는 실험이었다. 그 대가로 100파운드의 기본급과 100일 이상 버틸
경우 매일 5파운드의 추가금을 받기로 계약했다. 래퍼티는 130일
간 지하에 체류함으로써 신기록을 세웠다. 놀랍게도 육체와 정신
이 모두 건강했다. 그는 자신이 지하에 체류한 기간을 알고 놀라워
했다. 그의 바이오리듬은 25시간 주기에 맞춰져 있었기 때문에 그

는 실제 날짜보다 약간 적게 지하에 머물렀다고 생각했던 것이다. 고립된 사람은 일반적으로 이렇게 시간의 흐름을 약간 더디게 느끼는 것으로 보인다. 즉 우리 몸속에 비교적 정확한 기본적 시계가 존재하지만, 그 시계는 외부 세계에서 들어오는 여러 단서를 이용하여 정밀하게 보정할 필요가 있음을 알 수 있다.

잠이 들고 깨는 것만이 뇌의 조절을 받거나 뇌에서 일어나는 유일한 주기적 변화는 아니다. 수면과 각성 주기보다는 덜 뚜렷하지만 여전히 중요한 하루 주기가 존재함을 보여 주는 매우 '아픈' 실험이 있다. 즉 통증에 대한 민감성이다. 밤낮에 걸쳐 여러 차례 치아에 전기 충격을 가하는 실험에 놀랍게도 많은 사람이 자원했다. 전기 충격을 받은 후 얼마나 아픔을 느끼는지를 대답하는 실험이었다. 당초에는 항상 동일한 정도의 치통을 느끼게 될 것이라고 기대했다. 그러나 놀랍게도 특정 시간에 두 배 가까운 통증을 느끼며, 아침에 가장 심하다는 결과가 나왔다. 반대로 점심 식사 직후에는 훨씬 더 참을 만했다.

이 연구를 통해서 우리는 뇌의 기능에 관한 또 하나의 단서를 얻을 수 있다. 통증의 경험은 주관적 현상이기 때문에 뇌에서 일어나는 어떤 작용에 따라 통증의 경험이 변할 수 있다. 따라서 뇌에서 일어나는 현상은 변화될 수 있다. 통증은 대개 신체 일부에 직접 접촉하는 손상 자극이나 손상을 일으킬 것이라고 인식되는 자극에 의하여 유발된다. 앞에서 통증에 관련된 신호는 특정 경로를 통해 척수를 지나 뇌로 올라간다는 사실을 살펴보았다. 이 신호는 신경을 통해 전달되는데, 신경의 물리적 성질은 바뀌지 않는다. 따라서 신경이 전기 신호를 전달하는 효율성은 하루 중 시간에 따라 변하지 않는다. 치통이 시간에 따라 변하는 현상을 설명하려면 또 다른 요인들이 있어야 한다.

통증을 연구하는 여러 방법 중 하나가 고대 동양의 침술에 대한 연구다. 침술의 기본 원리는 신체 기능의 균형을 회복함으로써 여러 기관들 사이에서 소위 '기(氣)'가 완벽한 균형을 이루게 하는 것이다. 기본 절차는 침을 신체의 365군데 경혈(經穴)에 1~4밀리미터 찔러 넣는 것이다. 침술은 여러 용도로 쓰인다. 한 예로 금연을 도와준다는 금연침이 있다. 우리가 논의하는 것과 특히 밀접한 관계가 있는 침술의 효과는 진통 효과다. 침술의 진통 작용이 발견된 것은 활과 화살을 무기로 사용하던 고대 전투에서였다고 한다. 부상병의 몸에서 화살을 뽑을 때 오늘날 침술처럼 화살을 비트는 경우가 자주 있었다. 그러면 역설적이게도 부상병의 고통이 완화되는 경우가 이따금 있었다고 한다.

침술에 이용한 진통 효과는 때로 매우 효과적이어서 실제로 외과 수술을 위해 쓰일 때도 있다. 완벽하게 마취되려면 침을 약 20분간 꽂고 있어야 한다. 그 메커니즘은 자세히 모르지만 침을 놓으면 그 위치의 신경이 통증을 감지하고 뇌로 신호가 전달되는 정상 과정이 방해를 받는다. 침이 삽입된 곳의 피부 신경을 국소 마취제로 처리하면 침술의 진통 효과가 사라진다. 침을 꽂음으로써 물리적으로 신경을 자극하면 뇌에서 통증을 인식하는 과정에 변화가 일어나는 것으로 보인다. 침을 삽입한 후 진통 효과가 일어나려면 약 20분이 지나야 하고, 침을 뺀 후에도 1시간 정도 효과가 지속된다. 따라서 침 자체가 직접 진통 효과를 일으키는 것이 아니라 뇌의 어떤 화학 물질의 분비를 촉진하여 통증을 억제하는 것일지도 모른다. 아마 이 화학 물질은 하루 중 시간에 따라 그 분비되는 양이 변하고 약물로 조절 가능할 것이다.

뇌가 엔케팔린(enkephalin)이라는, 아편(모르핀)과 비슷한 물질을 합성한다는 사실이 1970년대 초반에 밝혀졌다. 이것은 신경과학 분야에서 최근에 이루어진 가장 큰 발견 중 하나다. 이 물질을 약물로 차단하면 통증이 더 심해지고 침술의 효능이 떨어진다. 마찬가지로 아편을 복용하면 뇌는 아편 유사 물질, 즉 엔케팔린 등이 매우 많이 분비된 것으로 착각한다. 뇌 안에 하나의 통증 중추가 있는 것은 아니다. 그 반대로 엔케팔린이 뇌와 척수에 걸쳐 여러 부위에 존재한다.

1장에서 뇌의 기능을 특정 뇌 부위별로 배정할 수 없다는 사실을 살펴보았기 때문에 이 장에서는 그 반대 전략을 채택했다. 즉 어떻게 특정 기능이 뇌에서 일어날 수 있는지 알아보는 전략이다. 어느 기능에서나 여러 뇌 부위들이 동시에 작용함으로써 외부 세계에 효율적으로 반응할 수 있음을 알았다. 각 기능을 설명하면서, 그 자세한 과정은 알 수 없지만 뇌의 전기적, 화학적 특성이 감각, 운동, 각성 기능에서 핵심적 요소로 작용한다는 것을 알았다. 이 구성 요소들이 어떻게 뇌 안에서 이용되어 신호를 전달하고, 이 신호들이 어떻게 일상 기능을 가능하게 하는지에 대해서는 아직 알아보지 못했다. 이제 뇌 세포의 정체와 뇌 세포들이 어떻게 서로 신호를 주고받는지를 알아볼 차례가 되었다.

**3
흥분과 흥분파**

<u>1872년 이탈리아의 한 부엌에서 신경과학의 큰 발전이 일어났다.</u> 당시 파비아 대학교 출신의 젊은 의학도였던 카밀로 골지(Camillo Golgi, 1843~1926년)는 뇌에 매료되어 부엌에 간이 실험실을 차렸다. 골지를 괴롭힌 난제는 뇌의 근본적 성상(性狀), 즉 뇌가 어떻게 구성되어 있는가에 관한 것이었다. 당시에도 이미 뇌를 얇은 절편으로 잘라서 현미경으로 관찰할 수 있었지만 균일하고 흐릿한 덩어리로만 보일 뿐이었다. 뇌를 구성하는 기본 요소가 확인되지 않는 한, 뇌가 작용하는 방식은 밝힐 수 없을 터였다. 그러던 어느 날 골지는 실수로 뇌 조직 덩어리 하나를 질산은 용액이 담긴 그릇에 떨어뜨리고 몇 주간 그대로 방치했다. 이 사소한 실수가 결국 아주 중

요한 반응을 일으켰다. 그가 다시 이 조직을 꺼냈을 때는 절편의 색깔이 변한 상태였다. 현미경으로 관찰하자, 이 조직 단편은 그 물처럼 얽힌 얼기 속에 검은 얼룩들이 흩어져 있는 복잡한 그림처럼 보였다. 현재는 뇌 조직을 질산은 용액에 3시간 이상 담그면 뇌 조직의 가장 기본적인 구성 요소를 관찰할 수 있음이 알려져 있다. 이 성분이 바로 신경세포(신경원, 뉴런, neuron)라는 특수한 세포다.

그런데 골지의 발견 자체보다 훨씬 더 놀라운 사실이 있다. 신경세포 10~100개마다 하나씩만 무작위로 염색된다는 것이다. 그 결과 옅은 호박색 바탕에 검게 염색된 신경세포가 관찰되는데, 왜 이런 무작위 염색이 일어나는지에 대해서는 아직 아무도 정확한 이유를 모르고 있다. 만일 모든 신경세포가 염색된다면 그 섬세하고 복잡한 형태가 다른 신경세포들에 가려진다. 결과적으로 현미경으로 관찰하면 거의 전체가 시커멓게 변한 뇌 조직만 보일 것이다. 하지만 실제로는 신경세포 중 1~10퍼센트만 골지 염색에 반응하기 때문에 염색된 신경세포의 전모가 뚜렷하게 드러난다.

실제 신경세포의 모양에 대해 알아보자. 모든 신경세포에는 세포체라고 불리는 통통한 부위가 존재한다. 세포체는 골지 염색에서 검은 얼룩처럼 보였던 부분으로, 지름은 약 40마이크로미터다 (1마이크로미터는 1밀리미터의 1000분의 1이다.). 실제 세포체의 모양은 다양하여 원형, 타원형, 삼각형 모양을 한 것들이 있다. 때로는 베를 짤 때 쓰던 북(방추) 모양의 세포체도 관찰된다. 신경세포의 생존에 필요한 모든 소기관이 세포체에 들어 있으며, 이런 의미에서 신경세포는 다른 일반 세포와 다를 바 없다. 그러나 세포체 외의 부분은 다른 세포와 매우 다르다.

신경세포에는 단지 세포체만 있는 것이 아니다. 신경세포는 세포체에서 자란 작은 가지들이 뻗어 있는 나무처럼 보인다. 실제로 가지에 해당되는 부분의 이름이 수상돌기(樹狀突起, 가지돌기라고도 하며 영어로는 dendrite이다. —옮긴이)다. 그리스 어로 dendrite는 나무라는 뜻이다. 신경세포의 수상돌기는 그 모양이 다양하며, 가지가 우거진 정도도 다양하다. 또 세포체의 모든 테두리에서 가지가 나와 있어 신경세포가 별처럼 보이는 경우도 있고, 반대로 세포체의 한쪽 또는 양쪽 끝에서만 시작되는 경우도 있다. 신경세포는 수상돌기가 갈라지는 정도에 따라 그 전반적 모양이 매우 다양해진다. 뇌에 존재하는 신경세포의 기본 형태는 50가지 이상이다.

신경세포에는 수상돌기라는 작은 돌기들도 있지만, 세포체에서 시작된 하나의 길고 가는 섬유도 존재한다. 이 섬유를 축삭

(축색, axon)이라고 하는데, 세포체와 수상돌기를 다 합친 것보다 몇 배 더 길다. 세포체의 지름은 대개 20~100마이크로미터지만 축삭의 길이는 훨씬 더 길어서, 척수에서 시작되어 발끝에 이르는 축삭의 경우 최대 1미터에 이른다.

수상돌기와 축삭의 차이점은 언뜻 보아도 쉽게 알 수 있다. 축삭은 수상돌기에 비해 현미경으로 관찰하기가 훨씬 더 어렵다. 그 이유는 수상돌기는 상대적으로 많이 우거져 있는 반면 축삭은 훨씬 더 가늘기 때문이다. 수상돌기는 그 끝부분으로 갈수록 가늘어지기 때문에 진짜 나뭇가지처럼 보이지만 축삭은 그렇지 않다. 결국 신경세포는 통통한 중심 부분, 즉 세포체와 상대적으로 많이 우거진 수상돌기들과 세포체에서 시작되는 긴 축삭 하나로 이루어져 있다. 이처럼 괴상하게 생긴 세포가 사람의 성격, 희망, 두려움을 이루는 기본 요소라는 것이 도저히 믿기지 않을 정도다.

세포체에 들어 있는 소기관들은 일반 세포와 비슷하기 때문에 세포체가 신경세포의 생명을 유지하고 필요한 화학 물질을 생산한다는 것은 쉽게 추측할 수 있다. 그러나 축삭과 수상돌기는 오로지 신경세포만의 특수한 기능과 관련이 있기 때문에 그 역할을 추정하기가 쉽지 않다. 더구나 수상돌기와 축삭의 모양이 분명히 다르기 때문에 그 역할도 크게 다를 것으로 생각된다.

2장에서 뇌 상태의 변화를 관찰하는 데 뇌파도가 유용하다는 것을 살펴볼 때 신경세포에서 전기가 생성된다는 사실을 알았다. 수상돌기는 이 전기 신호를 받아들이는 곳인데, 마치 수많은 배들이 화물을 부리는 넓은 부두와 같다. 부두에 내린 화물들이 다시 여러 경로를 거쳐 공단 중심지에 있는 공장으로 모이듯이, 신경세포에 들어온 신호들도 수상돌기를 따라 세포체에 모인다. 만일 신호의 강도가 충분하다면 공장에서 새 제품이 만들어지듯이 세포체에서 새로운 전기 신호가 생성될 것이다. 그 다음 일은 축삭이 맡게 된다. 축삭은 이 새로운 신호를 다음 목적지인 또 다른 신경세포로 보낸다. 이것은 마치 공장에서 생산된 물건이 다른 먼 나라로 수출되는 것과 같다. 이 장에서는 신경세포가 어떻게 전기 신호를 보내고 받아들이는지를 살펴볼 것이다. 또 신경세포들 사이의 정보 전달에 관여하는 특수한 화학 물질들의 작용 방식을 살펴보고, 약물이 어떻게 이를 왜곡하는지에 대해서도 알아볼 예정이다.

신경과학 연구를 계획할 때 하나의 신경세포에서 시작하는 접근 방법을 상향식(bottom-up)이라고 한다. 이 연구 방법의 전략은 가장 기초적 구성 요소인 신경세포에서 시작해 개개의 신경세포들 사이의 정보 교환이 종합되어 복잡한 전체 작용을 이루는 과정을 조사하는 것이다. 상향식 연구의 반대 개념이 하향식(top-down) 접근법이다. 그 기본 개념은 뇌 부위든(1장) 또는 기능이든(2장) 최상위에서 시작하여 점차 작은 단위로 내려오며 분석함으로써 뇌 부위 또는 기능이 실제 뇌의 작용에 어떻게 관여하는지를 조사하는 것이다. 때로 이 두 가지 연구 방법의 장점을 놓고 신경과학자들의 의견이 갈라지는 경우가 있다. 이미 앞의 두 장에서 하향식 연구 방법을 적용했기 때문에 독자들은 그 장단점을 잘 알고 있을 것이다. 이 장에서는 단일 신경세포에 근거한 상향식 접근법을 취할 것이다.

이탈리아의 의학자 루이지 갈바니(Luigi Galvani, 1737~1798년)는 척수에서 나온 신경이 전기를 생성할 수 있다는 사실을 최초로 증명한 사람이다. 폭풍우가 몰아치던 어느 날 갈바니는 개구리 다리를 금속판 위에 올려놓았다. 천둥과 번개가 칠 때마다 놀랍게도 개구리 다리가 움찔거렸다. 이 현상에 대해 갈바니는 모든 전기가 생체 조직 속에 들어 있다는 결론을 내렸다(후에 이 결론은 잘못된 것으로 밝혀졌다.). 그는 근육이 전기를 저장하고, 신경이 전기를 전달한다고 생각했다. 실제로 전기 현상의 근본 원리를 처음 밝힌 사람은

19세기 물리학의 선구자인 마이클 패러데이였다. 그는 무생물 재료를 이용한 실험에서 "전기는 그 출처에 관계 없이 성질이 동일하다."라고 결론지었다. 전기가 신경에서 나오는 것은 사실이지만 신경에서만 나오는 것은 아니다.

전류란 문자 그대로 전하의 흐름이다. 뇌에 존재하는 네 가지 이온, 즉 나트륨, 칼륨, 염소, 칼슘 이온 중 어느 하나라도 이동하면 전류가 발생한다. 이온이란 전자가 모자라거나 더 있는 원자를 뜻한다. 나트륨, 염소, 칼슘 이온은 신경세포의 바깥에, 칼륨 이온은 안에 존재한다. 이 이온들이 멋대로 신경세포를 출입하는 것은 아니다. 오히려 세포막이라는 장벽에 의하여 세포 안과 밖으로 분리되어 있다. 이 세포막은 단순한 벽이 아니다. 세포막은 두 겹으로 구성되어 있으며 그 사이에 있는 중간층은 지용성이 높다. 이는 기름기 많은 음식을 빵 사이에 끼운 샌드위치에 비유할 수 있다. 수용성인 이온은 지용성 중간층을 통과할 수 없기 때문에 신경세포막을 자유로이 출입할 수 없다.

그 결과 신경세포 안팎에 이온들이 축적된다. 그밖에도 세포 안에는 음전하를 띠는 단백질이 존재한다. 이온과 단백질을 모두 감안한 신경세포막 안팎의 전반적 전하 분포는 불균등하다. 즉 양전하와 음전하의 값이 같지 않다. 신경세포의 안은 바깥에 비해 음성이다. 그 결과 전압, 즉 전위차가 발생한다. 전위차는 음성으로, 대개 −70 또는 −80밀리볼트이다(1밀리볼트는 1볼트의 1,000분의 1이다.).

그러나 만일 이온이 한곳에 갇혀서 흐를 수 없다면 전위차가 있어도 아무 소용이 없다. 예를 들어 엄청난 양의 물이 저장되어 있지만 정작 이용은 할 수 없는 댐과 같은 것이다. 발전기를 돌리려면 물을 댐에서 방류해야 하듯이 세포가 전기 신호를 만들어 내려면 전류가 흘러야 한다. 전류가 흐르려면 이온이 일시적으로 세포 안팎으로 이동해야 한다. 그렇다면 이온은 세포막의 지용성 중간층을 어떻게 통과할 수 있을까?

이 장벽도 물이 가득한 댐처럼 결국 터질 수 있다. 단백질이라는 큰 물질로 구성된, 다양한 특수 구조물이 세포막의 두 층을 가로지른다. 이 구조물은 특정 이온이 신경세포 안팎을 드나들 수 있는 교량으로 작용한다. 신경세포의 안팎은 모두 수용성 구역이다. 그러나 이 단백질 교량은 세포막의 중간 부분을 관통하기 때문에 엄밀히 말하면 터널에 더 가깝다. 통상적인 신경과학 용어로는 이 터널을 통로(channel)라고 부른다.

신경세포가 전기 신호를 보내기 위해서는 양이온인 나트륨 이온이 잠깐 동안 신경세포 속으로 들어가서, 세포 밖에 비해 세포 안이 일시적으로 양전하를 나타내는 전위차가 형성되어야 한다. 이를 탈분극(depolarization)이라고 한다. 그러나 전압이 양성, 예를 들어 +20밀리볼트가 되자마자 곧 양이온인 칼륨 이온이 세포 밖으로 나간다. 그 결과 일시적으로 세포 안이 처음보다 더 음성이 되는 과분극(hyperpolarization) 상태가 된다. 즉 신경세포가 활성화될 때, 잠깐이지만 특징적인 전위차 변화가 일어나서 양성 파동이 있은 후에 잠깐 동안 처음보다 더 음성이 되는 변화가 일어난다. 이러한 양성과 음성 파동은 대개 1~2밀리초 동안 지속되며, 활동 전위(action potential)라고 불린다(1밀리초는 1초의 1,000분의 1이다.). 활동 전위는 세포가 신호를 전달하지 않는 상태일 때 나타나는 안정 전위(resting potential)와는 다르다 그림5.

　이제 나트륨 통로가 먼저 갑자기 열리는 이유를 알아보자. 다시 말해 무엇이 활동 전위를 유발하느냐는 것이다. 전기 신호가 완전히 무작위적으로 발생한다면 이는 너무나 무의미하고 모순에 가까운 일일 것이다. 거는 사람도 없는데 한밤중에 시도 때도 없이 전화가 울리는 경우를 상상하면 된다. 세포체에서 나뭇가지처럼 돋아난 수상돌기로 돌아가 보자. 수상돌기는 다른 신경세포에서

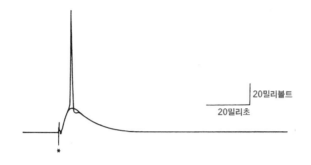

20밀리볼트

20밀리초

그림 5

쥐의 해마에 있는 한 신경세포에 자극(별표로 표시)을 가한 후 일어나는 반응을 기록한 그림. 이 강도로 자극하면 흥분시냅스후전위(EPSP)나 활동 전위를 유발할 수 있다. 활동 전위가 발생하는 경우에는 전압의 급격한 변화가 EPSP의 정점에서부터 시작되는 것을 볼 수 있다. 활동 전위는 신경세포의 정보 교환을 가능하게 하는 전기 신호다. 신경세포 안팎의 전위차를 뜻하는 막전위는 양이온인 나트륨 이온이 세포 안으로 들어옴에 따라 일시적으로 양성이 되는 탈분극이 된다. 일단 신경세포가 탈분극되면 그로 인해 칼륨 통로가 열려서 양이온인 칼륨 이온이 세포 밖으로 나가고, 그 결과 재분극이 일어난다.

들어오는 신호를 받아들이는 곳이다. 신호들이 강력하고 오래 지속된다면 수상돌기를 따라 세포체로 전달될 것이다.

크고 번잡한 기차역처럼 최다 수천에 이르는 신호들이 언제라도 세포체에 모일 수 있다. 이렇게 항상 신호가 집중되기 때문에 활동 전위라는 세포체 자체의 전기 신호가 일어날 가능성이 높아진다. 집중되는 신호들은 세포체에 도착하면서 합쳐져서 결국 전압의 변화라는 중요한 결과를 낳는다. 이렇게 표적 세포 속에서 전압의 차이가 충분히 커지면 나트륨 통로가 열린다. 이 통로는 전압이 더 양성으로 변하면 열리는 특성을 갖고 있다. 다시 한번 새로운 활동 전위, 즉 두 번째 신경세포에서 활동 전위가 일어난다.

한 신경세포에서 일어나는 활동 전위의 크기는 항상 일정하며, 약 90밀리볼트인 경우가 가장 많다. 그러나 이러한 일관성 때문에 또 다른 문제가 생긴다. 신경세포로 들어오는 신호가 더 많아지고 강해졌을 때 오직 한 종류의 신호만을 생성할 수 있는 이 신경세포가 신호의 차이를 반영할 수 있느냐는 문제다. 활동 전위는 더 이상 커질 수 없기 때문에, 대신 신경세포는 받아들이는 신호가 더 강력해질수록 더 자주 활동 전위를 생성한다. 이때 신경세포가 더 흥분된 상태에 있다고 한다. 신경세포는 자신이 받은 신호의 강도를 활동 전위가 생성되는 빈도로 표현하는 것이다. 일부 신경세포들은 초당 최대 500회, 즉 500헤르츠까지 흥분할 수 있지만, 30~100헤르츠가 일반적이다. 초당 한두 개의 활동 전위만을 생성하는 신경세포는 '흥분 발사'가 느리다고 한다.

대부분의 뇌세포는 이런 방식으로 활동 전위를 생성하여 각각의 표적 세포에 정보를 전달한다. 그 다음 결정적 단계는 활동 전위가 목표 지점에 도달하는 것이다. 신경세포에서 수상돌기가 정보를 받아들이는 곳인 데 반해 가늘고 하나뿐인 축삭은 전기 신호가 바깥으로 나가는 경로다. 전기 신호, 즉 활동 전위가 전달되는 속도는 축삭의 굵기에 따라 다르다. 또 축삭이 수초(말이집, myelin)라고 불리는 지방막으로 둘러싸여 있는지에 따라서도 전달 속도가 달라진다. 수초는 마치 전선의 피복처럼 전류가 새는 것을 막아 준다. 수초가 파괴되면 신경 섬유가 전기 신호를 전달하는 효율이 떨어진다. 그 예로 다발성경화증(다발경화증, multiple sclerosis)이라는 병이 있다. 정상 운동은 매우 빠르고 자동적이기 때문에 뇌에서 생각하는 것과 근육의 수축 사이에 시간이 거의 지체되지 않는다. 뇌의 처리 속도와 운동이 이렇게 빠른 이유는 신경의 전도 속도가 최고 시속 약 360킬로미터에 이르기 때문이다.

신경세포에서 신호가 생성된 후 축삭을 따라 전달되는 방식은 어느 정도 명확하게 밝혀졌지만 그 다음에 일어나는 일은 전혀 그렇지 않다. 이제 한 신경세포가 신호를 전달하기 위해 다른 신경세포와 어떻게 접촉하는지 알아야 할 필요가 있다. 신경세포를 염색하여 관찰할 수 있게 된 이래로 신경과학자들은 오랫동안 이 문제에 대해 고민했다. 예를 들어 골지는 모든 신경세포가 마치 그물처럼 함께 연결되어 있다고 생각했다. 당시 그는 스페인의 위대한 해부학자인 라몬 이 카할(Ramon y Cajal)의 격렬한 반대에 직면했다. 이 신경과학의 두 선구자들은 의견이 서로 달라서 오랫동안 대립 관계를 유지했다. 카할은 골지의 견해와 반대로 신경세포들 사이에 간격이 있다고 믿었기 때문이다. 이 논쟁은 1950년대에 전자 현미경의 출현이라는 놀라운 발전이 일어난 후에야 비로소 끝을 맺었다.

전자 현미경이 도입됨으로써 세포를 엄청난 배율로 확대하여 연구할 수 있게 되었다. 가시광선과 광학 렌즈를 사용하는 일반 광학 현미경은 대상을 최고 1,500배까지 확대할 수 있지만 전자 현미경은 1만 배 이상 확대할 수 있다. 뇌를 매우 얇게 자른 절편에 전자를 차단하는 특수 물질을 입히면 이 물질이 신경세포의 부분에 따라 다양한 정도로 흡수된다. 이 절편을 전자 현미경으로 관찰할 때 전자파 광선이 뇌 조직을 통과한 후 사진 필름에 닿는다. 관찰하는 신경세포에서 전자 밀도가 높은 부분일수록 사진에 검게 나타난다. 전자 현미경 사진에 나타난 신경세포는 더 이상 꽃처럼 연약한 모습이 아니라 현대 흑백 추상화처럼 보인다. 추상화의 억센 검은 선과 원이 명확히 드러나지만 초보자의 눈으로는 이 선과 원이 축삭, 수상돌기, 세포체의 일부임을 도저히 알 수 없다. 그러나 마침내 신경해부학자들이 신경세포의 각 부분들과 그 속에 들어 있는 소기관들을 구별할 수 있게 되었다 그림6.

이 정도로 정확하게 뇌를 들여다볼 수 있게 되자 곧바로 신경세포의 비밀 중 하나가 밝혀졌다. 최종 결론은 카할이 옳았다는 것이다. 신경세포들 사이에는 실제로 시냅스(연접, synapse)라는 간격이 존재했다. 뇌 신경세포들의 구성 요소들은 서로 시냅스를 이룬다. 수상돌기는 다른 세포의 수상돌기와, 축삭은 다른 세포의 축삭과 시냅스를 이룬다. 또 축삭이 표적 세포의 세포체와 직접 접촉하는 경우도 있다. 가장 흔한 유형은 한 신경세포에서 시작된 축삭의 끝 부분인 축삭 종말이 표적 세포의 수상돌기와 이루는 시냅스다.

시냅스의 존재가 밝혀지자 또 다른 문제가 제기되었다. 시속 360킬로미터로 이동하는 신호, 즉 전기 흥분이 축삭 종말에 도달하여 시냅스에 이르렀다고 가정해 보자. 이때 축삭 종말은 흥분되어 전위는 잠깐 동안 상대적 양성 상태가 된다. 이 흥분파는 어디로 가게 되는 걸까? 시냅스라는 간격 앞에서 잠깐 멈춘 흥분파가 어떻게 다음 신경세포에 신호를 전달할 수 있을까? 이것은 차를

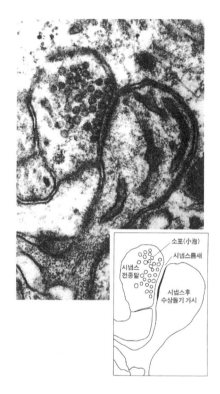

그림 6

시냅스의 전자 현미경 사진. 사진의 왼쪽에 있는 한 신경세포가 오른쪽에 있는 다른 신경세포에 밀접하게 접촉하고 있다. 왼쪽 신경세포 속에는 신경 전달 물질이 들어 있는 작고 둥근 주머니들이 있는데, 이 주머니에서 신경 전달 물질이 시냅스라 불리는 작은 틈새로 방출된다. 전달 물질이 확산되는 공간은 검고 두터운 부분으로 나타난다. 사진의 오른쪽 아래에 두 신경세포의 윤곽을 간단하게 그려 놓았다.

몰고 가다가 강가에 도착한 경우와 비슷하다. 돈이 많이 들겠지만 강을 건너는 이상적인 해법은 차를 포기하고 더 적합한 이동 수단인 배를 이용하는 것이다. 이제 전기 신호를 변환하여 시냅스를 건널 수 있는 신호로 만드는 방법을 알아야 한다.

19세기 이후로 신경세포의 정보 전달에 화학 물질이 관여할 것이라는 설이 제기되었다. 프랑스 과학자 클로드 베르나르(Claud Barnard)는 남아메리카 원주민이 사냥에 이용하는 독의 효과에 매료되어 있었다. 원주민 사냥꾼들은 화살촉에 큐라레(curare)라는 물질을 바른 후 사용했다. 화살이 사냥감의 몸속으로 파고 들어가면 사냥감은 즉시 죽지 않고 대신 몸이 마비된다. 베르나르는 이 치명적 독소가 신경의 작용을 방해하는 것이라고 주장했다.

20세기가 되어서야 비로소 베르나르가 옳았음이 밝혀졌다. 큐라레는 신경에서 근육으로 분비되는 어떤 체내 화학 물질을 차단한다는 것이 알려졌다. 숨을 쉴 때 신경이 가로막(횡격막)을 자극하여 가로막이 위아래로 움직인다. 따라서 이 신경에서 나오는 신호가 차단되면 당연히 가로막이 움직이지 않아서 숨을 쉬지 못하게 된다. 결국 독소로 인해 질식사에 이르게 되는 것이다. 큐라레가 차단하는 그 체내 화학 물질이 어떻게 신경 전달에 관여하는지는 1929년 오스트리아 과학자 오토 뢰비(Otto Loewi)에 의하여 명쾌하게 밝혀졌다. 뢰비는 며칠 동안 연속해서 꾼 꿈에서 영감을 얻어 실험을 했다고 전해진다. 그가 먼저 한 일은 이미 알려진 사실을 반복하는 것이었다. 심장에 분포하는 신경인 미주신경을 자극하면 심장이 느려진다. 그런데 뢰비가 실험했던 심장과 미주신경은 체내에 있는 것이 아니라는 점이 중요하다. 분리된 심장을 특수한 용기에 집어넣어 계속 살아 있도록 한 것이다. 이 용기 속에는 정상 체액과 성분이 비슷한 용액이 들어 있었으며 산소가 계속 공급되었다. 미주신경의 자극을 받는 심장 하나와 미주신경의 자극을 받지 않는 심장이 하나 준비되었다.

이 실험의 백미는 뢰비가 처음 심장이 들어 있던 용액을 미주신경의 자극을 받지 않은 두 번째 심장에 부었다는 점이다. 두 번째 심장은 자극을 받지 않았음에도 불구하고 역시 박동이 느려졌다. 이 현상을 해석할 유일한 설명은 신경이 첫 번째 심장을 자극할 때 어떤 화학 물질이 용액 속으로 방출되었다는 것이다. 두 번째 심장에 부은 용액에 그 화학 물질도 포함되었기 때문에 같은 효과가 나타났던 것이다. 그 후 큐라레에 의하여 이 화학 물질이 바로 아세틸콜린(acetylcholine)임이 밝혀졌다. 수많은 신경과 뇌 세포

에서 분비되는 아세틸콜린은 신호 전달 과정을 이어 주는 매우 중
요한 화학 물질의 원형이다. 이 물질을 총칭하여 신경 전달 물질
(transmitter)이라고 한다.

심장에 대한 아세틸콜린의 작용이 밝혀진 이 역사적 사건은
뇌 세포가 시냅스에서 정보를 전달하는 방식을 이해하는 데 큰 영
향을 미쳤다. 전기 자극이 있으면 신경에서 천연 화학 물질이 분비
된다는 사실을 알았기 때문에 뇌 세포의 축삭 종말이 전기 신호의
자극을 받았을 때 시냅스에서 어떤 현상이 일어나는지도 더 쉽게
이해할 수 있게 되었다. 전기 신호인 활동 전위가 축삭 종말에 도
달하면 바로 시냅스에 아세틸콜린이 분비될 수 있는 여건이 만들
어진다.

축삭의 끝에 있는 신경 종말, 즉 축삭 종말에는 여러 개의 작
은 주머니로 포장된 아세틸콜린이 존재한다. 활동 전위가 축삭을
따라 전달되어 신경 종말에 도달하면 일시적인 전압 변화 때문에
주머니 속의 아세틸콜린이 시냅스로 방출된다. 전기 신호가 더 자
주 도달할수록 더 많은 수의 주머니가 비워지고, 그 결과 더 많은
양의 아세틸콜린이 방출된다. 이런 방식으로 전기 신호가 화학 신
호로 정확하게 변환된다. 즉 활동 전위의 빈도가 높을수록 분비되

는 아세틸콜린의 양도 많아지는 것이다.

일단 분비된 아세틸콜린은 신경세포 바깥에 존재하는 세포외액을 통해 거침없이 확산되어 마치 강을 횡단하는 배처럼 시냅스를 가로지른다. 그러나 그 이동 시간은 배와 크게 다르다. 아세틸콜린은 배에 비해 작은 물질이기 때문에 몇 밀리초라는 매우 짧은 시간에 시냅스의 간격을 가로지른다. 이제 아세틸콜린처럼 단순한 화학 물질이 어떻게 신호를 전달할 수 있는지 알아보자.

자동차와 배 비유를 다시 써 보자. 일단 강을 건넌 후에는 다시 육지를 지나야 한다. 배를 버리고 다시 차를 이용하는 것이 이상적일 것이다. 화학 신호로 변환되었던 전기 신호가 다시 전기적 흥분으로 변환되어야 한다. 이제 아세틸콜린 등의 신경 전달 물질이 표적 신경세포에서 일시적인 전압 변화를 일으키는 방식을 살펴볼 필요가 있다.

신경 전달 물질이 시냅스를 가로질러 건너편에 도달하면 각신경 전달 물질은 표적 신경세포와 어떻게든 접촉을 해야 한다. 신경 전달 물질이라는 배가 정박할 부두가 필요하다. 표적 신경세포의 바깥면에는 수용체라고 불리는 특수한 단백질이 존재한다. 수용체는 마치 자물쇠와 열쇠, 손과 장갑의 관계처럼 특정 신경 전달 물질과 꼭 들어맞는다.

아무 화학 물질이나 수용체와 결합할 수는 없다. 분자 구조가 완벽하게 들어맞는 정확한 결합이 일어나야 한다. 일단 신경 전달 물질이 수용체에 들어맞아 결합하면 신경 전달 물질과 수용체의 복합체라는 새로운 물질이 만들어지고, 이어서 일련의 새로운 변화들이 일어난다.

신경 전달 물질이 표적 신경세포에 있는 수용체 단백질과 결합하면 나트륨 등의 이온 중 하나가 통과할 수 있는 통로가 열린다. 이온이 드나들면 표적 세포의 전위차가 일시적으로 변한다. 이어서 전위차 변화가 전기 신호가 되고, 수많은 전기 신호들이 수상돌기를 따라 세포체로 전달된다.

이제 전체 과정을 다 알게 되었다. 표적 세포의 세포체에 도달한 전기 신호는 수많은 다른 신호들과 합쳐지거나 상쇄되어 최종적으로 표적 세포의 전압을 변화시킨다. 전압의 전반적 변화가 충분히 커지면 나트륨 통로가 세포체 근처에서 열려서 새로운 표적 세포에서 활동 전위가 유발된다. 새로운 표적 세포는 다시 또 다른 새로운 표적 세포에 신호를 전달하고, 이러한 과정이 반복되어 전기 변화와 화학 변화가 차례로 일어난다.

———

인간의 뇌에는 약 1000억 개의 신경세포가 존재한다. 1000억이라는 숫자가 실감나지 않는다면 아마존 정글을 상상해 보자. 아마존 정글은 그 넓이가 약 700만 제곱킬로미터에 이르며 그 안에서 약 1000억 그루의 나무들이 자라고 있다. 뇌의 신경세포는 그 나무만큼 많다. 더 나아가서 신경세포들 사이에 형성된 연결의 수는 아마존 정글의 나뭇잎만큼 많다고 생각하면 된다. 1000억 개의 신경세포 중 단 10퍼센트만 신호를 전달해도 그 결과 일어나는 화학 작용과 전기 작용이 얼마나 강력할지는 상상할 수도 없다.

어쨌든 뇌가 왜 이런 식으로 작용하는지에 대해서는 즉각적인 해답을 얻을 수 없다. 신경 전달 물질을 합성하려면 일련의 복잡한 화학 반응을 거쳐야 하기 때문에 다량의 에너지가 필요하다. 더구나 전기 신호-화학 신호-전기 신호로 이어지는 과정이 명료하게 일어나려면 시냅스에서 분비된 신경 전달 물질이 임무가 끝난 후 즉시 제거되어야만 한다. 이러한 제거 과정에도 에너지가 필요한데, 그 이유는 신경 전달 물질이 신경세포 속으로 재흡수되거나 효소에 의하여 신경세포 밖에서 분해될 때 에너지가 소비되기 때문이다.

화학 물질을 이용한 신호 전달 체계의 또 다른 문제는 시간이다. 작은 물질들이 빠르게 확산되어 시냅스를 가로지르지만 시냅스 전달의 전체 과정에는 1,000분의 몇 초가 소요된다. 만일 신경세포들이 서로 합쳐져 있어서 전기적 흥분의 전달만으로도 작동된다면 시간이 훨씬 더 단축될 것이다. 실제로 신경세포들이 서로 합쳐진 듯 연결되어 화학 시냅스가 불필요한 경우가 있다. 적어도 이 경우에는 골지가 옳았다고도 할 수 있다. 이 경우에는 신경 전달 물질이 없이 전기 신호가 교통반(틈새이음, gap juction)이라는 저항이 낮은 연결을 통해 빠르고 거침없이 전달된다. 이러한 전기 전달 방식은 훨씬 더 빠를 뿐 아니라 에너지를 소모하는 화학 물질을 필요로 하지 않는다. 하지만 뇌에 존재하는 시냅스의 대부분은 신경 전달 물질을 이용한다. 따라서 시간과 에너지의 낭비를 감수하고서라도 꼭 그 방법을 이용해야 할 엄청난 장점이 화학 전달에 있어야 한다.

표적 세포가 얼마나 많은 시냅스를 통해 정보를 받아들일 수 있는지 다시 한번 생각해 보자. 최대 수십만에 이른다. 각 시냅스에서는 도달하는 활동 전위의 수에 따라 다양한 양의 신경 전달 물질이 분비된다. 따라서 신경세포는 항상 일정하게 활성화되는 것이 아니라 수십만 가지로 다양하게 활성화될 수 있다. 또한 여러 종류의 화학 물질이 존재하고, 각각 들어맞는 표적과 작용하기 때문에 신경 전달 물질에 따라 최종 전압 형성에도 각각 다른 효과를 미칠 것이다. 반면에 전기 전달의 특성은 각 신경세포 연결부의 수동적 전도 특성에 의해서만 결정된다. 따라서 전기 전달은 화학 전달에 비해 빠르고 경제적이기는 하지만 훨씬 덜 다양할 수밖에 없다. 반면 화학 전달은 뇌에 엄청난 융통성을 부여한다. 다양한 신경 전달 물질은 시간에 따라, 정도에 따라 다양하게 작용하기 때문이다.

때로는 신경 전달 물질이 신경세포의 정보 전달에서 훨씬 더 미묘한 역할을 담당하는 경우가 있다. 이 물질은 직접 정보를 전달하지 않는다. 대신에 유입되는 정보에 표적 세포가 반응하는 최종 방식을 약간 변화시킬 수 있다. 이렇게 신경세포가 신호를 전달하는 특성이 약간 변화되는 현상을 신경 조절(neuromodulation)이라고 한다. 이제는 친숙한 시냅스 전달 현상에 비해 상대적으로 새로운 개념인 신경 조절로 인해 화학 신호 전달의 힘이 훨씬 더 강력해진다. 특정 시점에 단일 사건으로 일어나는 전형적인 시냅스 전달과 달리, 표적 세포가 반응하는 특성을 약간 변화시키는 신경 조절은 제한되었던 작용 시간의 범위를 넓혀 준다. 먼저 신경 전달 특성이 약간 변화되고, 이어서 강화되거나 둔감해진 신호가 실제로 전달된다. 비디오 영화가 사진을 보완하듯 신경 조절은 고전적인 시냅스 전달을 보완한다. 이렇게 일정 기간 동안 일어나는 신경 조절은 한 신경세포에서 다음 세포로 전류가 확산되는 것만으로는 쉽게 이루어지지 않는다.

　나는 뇌의 바로 이 기능적 특성, 즉 뇌 내 정보 전달이 화학 물질에 좌우된다는 특성 때문에 뇌와 동등한 컴퓨터를 만들려는 그 어떤 시도도 성공할 수 없다고 생각한다. 고성능 전자 현미경으로 신경세포들의 회로를 관찰하면, 하나의 통합된 회로판이라기보다 오히려 얽혀 있는 가는 면발들과 이상한 고기 덩어리가 들어 있는 가마솥 같다는 느낌이 든다. 그러나 뇌는 다양한 단백질을 생산하는 공장일 뿐 아니라 회로판보다 훨씬 더 정교하게 연결되어 있다. 하나의 신경세포에 집중된 수많은 정보는 다양한 화학 물질의 분비를 통해 늘 다른 세포로 전달된다. 또 이 정보의 활성도에 따라 다양한 양의 신경 전달 물질이 분비된다. 끝으로 각 신경 전달 물질은 전용 수용체와 결합한다. 각 수용체마다 독특한 방식으로 표적 세포의 전위에 영향을 미친다. 이렇게 각 단계마다 서로 다른 조합의 신경 전달 물질들이 작용하기 때문에 뇌의 융통성과 다양성이 매우 커지는 것이다.

다양한 화학 물질이 작용하는 이러한 과정은 컴퓨터에서 구현하기가 쉽지 않다. 가장 명백한 첫 번째 이유는 뇌가 근본적으로 화학 체계라는 것이다. 심지어 전기조차도 화학 물질에서 생성된다. 더 중요한 것은 이온의 신경세포 출입 외에도 다양한 화학 반응이 세포라는 폐쇄된 공간 속에서 분주하지만 끊임없이 일어난다는 사실이다. 이러한 화학 반응들 중 일부는 세포가 신호에 대응할 방식을 결정한다. 그러나 전기에는 이런 대응 방식이 없으며 컴퓨터는 이를 흉내조차 내지 못한다.

두 번째 이유는 신경세포 자체의 화학 성분이 계속 변한다는 것이다. 따라서 신경세포는 컴퓨터처럼 독립된 변하지 않는 하드웨어와는 다르다(물론 컴퓨터 소프트웨어는 어느 정도 다양한 프로그램이 가능하다.). 게다가 뇌는 끊임없이 변화할 수 있는 능력을 가지고 있다는 세 번째 이유가 있다. 물론 컴퓨터도 '학습'을 할 수 있다. 하지만 끊임없이 변화하면서 동일한 명령에 언제나 새로운 반응을 일으키는 컴퓨터는 거의 없다.

최신 로봇 장치는 자신의 회로를 체계화하고 재구성하여 입력된 특정 정보에 적응할 수 있을 것 같지만, 역시 알고리듬, 즉 입력된 규칙들을 따르고 있다. 뇌는 반드시 알고리듬에 따라 작동되는 것은 아니다. 그렇다면 예를 들어 상식적 수준의 규칙이란 무엇을 뜻할까? 물리학자 닐스 보어(Niel Bohr)는 한 학생에게 "너는 생각을 하고 있는 게 아니라 단지 논리를 따지고 있을 뿐이야."라고 타이른 적이 있다. 사실 사람의 뇌를 인위적으로 프로그램할 수는 없다. 뇌는 단지 걷고 싶어서 걷기로 결정할 때 자연스레 순리대로 작동한다. 컴퓨터도 뇌가 하는 일 가운데 일부를 할 수 있다. 그렇다고 해서 컴퓨터와 뇌가 비슷한 방식으로 작동한다거나 동일한 목적을 수행한다는 뜻은 아니다. 아무 일도 하지 않는 컴퓨터는 그 본연의 기능을 저버린 것이지만 아무 일도 하지 않는 사람은 새로운 사실을 경험하고 있을지도 모른다.

신경세포들 사이의 화학 전달을 연구함으로써 얻을 수 있는 수확이 한 가지 더 있다. 하향식 접근과 상향식 접근을 조화롭게 적용하는 것이 매우 어려운 이유와 하나의 시냅스에서 일어나는 변화로부터 뇌의 기능을 추정하기가 매우 힘든 이유를 깨달을 수 있다는 것이다. 뇌는 하나의 신경세포에서 출발하여 점점 더 복잡한 회로를 이룬다. 이 회로는 단순히 서로 손을 잡은 채 일렬로 늘어선 사람들과는 다르다. 수만에서 수십만에 이르는 신경세포들이 어느 한 신경세포와 접촉한다는 것을 기억해야 한다. 한 신경세포는 또다시 다음 신경세포에 정보를 전달하는 수많은 신경세포 중 하나가 되어 신경망을 이룬다. 성냥 머리만 한 뇌 조직 표면에만 최대 10억 개의 연결이 존재한다.

뇌의 바깥층인 피질만 따져 보자. 피질에 존재하는 신경세포들 사이의 연결을 1초에 하나씩 세려면 3200만 년이나 걸린다. 인류가 약 700만 년 전에 진화했음을 감안하면 인간이 진화하는 데 걸린 시간보다 네 배 더 오래 세야 한다는 이야기다. 피질에서 신경세포 연결이 이루어지는 서로 다른 조합의 수만 계산해도 우주 전체에 존재하는 양성자의 수를 넘어선다.

전체적인 뇌 기능은 한 개의 시냅스나 한 가지 신경 전달 물질과 일대일의 단순한 상관 관계를 갖지 않는다. 간단히 비유하면 교향악이 하나의 트럼펫이 내는 소리와 직접적인 상관 관계가 없는 것과 같다고 할 수 있다. 뇌를 하향식 접근과 상향식 접근으로 동시에 연구하는 방법 중 하나가 약물 작용에 대한 연구다. 약물이 어떻게 행동에 영향을 미치는지 알 수 있는 동시에 약물이 한 시냅스에서 화학 전달을 변화시키는 방식도 알 수 있다. 결국 개인적이고 변화가 없는 것처럼 보이는 마음(정신)은 뇌라는 육체적 존재,

즉 신경세포에 전적으로 좌우된다고 할 수 있다.

기분 전환을 위해 복용하는 수많은 약물 중에서 가장 자주 찾는 것은 아마도 니코틴일 것이다. 담배 첫 모금을 빤 후 10초 이내에 니코틴이 뇌에 도달하고, 뇌파도가 즉시 변한다. 이때 뇌파도에서 시간적으로 서로 일치하지 않는 뇌파들이 나타나는데, 이것은 긴장이 덜 풀린 상태임을 뜻한다(2장 참조).

니코틴은 실제로 한 종류의 수용체에 작용한다. 이 수용체는 본래 아세틸콜린이라는 신경 전달 물질과 결합하는 수용체다. 이러한 작용에서 약물 작용 방식의 한 예(진짜 신경 전달 물질의 효과를 흉내 내는 사례)를 볼 수 있다. 그러나 이 흉내는 아세틸콜린의 정상 작용을 단순히 모방하는 것 이상을 뜻한다. 그 이유에는 두 가지가 있다. 첫째, 자극을 받는 수용체의 수가 아세틸콜린의 경우보다 훨씬 더 많다. 뇌에서 아세틸콜린 수용체가 반복적으로 지나치게 자극되면 뇌 기능에 장기적 영향을 미치게 된다. 아세틸콜린에 의하여 정상 자극을 받을 때보다 훨씬 더 강하게 자극되기 때문에 결국 수용체의 민감성이 점점 더 저하된다. 표적 신경세포는 고농도의 니코틴에 익숙해지기 때문에 신경세포가 점차 중독된다. 즉 정상 농도의 아세틸콜린으로는 신경세포가 정상적으로 기능하지 못한다. 따라서 니코틴에 의한 비정상적인 과잉 자극을 계속 요구하게 된다. 이것이 중독이 일어나는 화학적 토대다.

둘째, 아세틸콜린은 여러 종류의 수용체에 작용함으로써 더 균형잡힌 작용을 수행하는 반면 니코틴은 한 종류의 수용체에만 작용하여 비교적 한쪽에 치우친 효과를 낳는다. 이렇게 불균형한 효과는 뇌 바깥, 몸 전체에서 일어난다. 즉 니코틴 때문에 신체가 전시 체제로 돌입한다. 그 결과 사람이 싸우거나 도망칠 때 나타나는 생체 반응이 일어나서 심장이 빨리 뛰고 혈압이 올라간다. 아마도 흡연자가 전시 체제에 돌입했다고 뇌에 되먹임되는 것 자체가 흥분과 기쁨을 일으키는 것 같다. 그러나 뇌가 수용체에 자극이 더 필요하다는 신호를 보낸다는 이유만으로 골초들이 라이터를 켜고 있는 것이 현실이다.

아세틸콜린 외의 정상 신경 전달 물질을 흉내 내는 또 다른 약물은 바로 아편(모르핀, morphine)이다. 아편은 양귀비에서 추출한 물질이다. 모르핀이라는 이름은 잠의 신인 모르포스(Morphos)에서 따왔는데, 그 이유는 아편을 복용하면 졸리고 마음이 편해지기 때문이다. 헤로인(heroin)은 뇌에 쉽게 접근할 수 있도록 화학 구조를 변형한 아편의 유도 물질이다. 헤로인은 아편보다 더 빨리 뇌로 들어가 더 빠른 효과를 나타내기 때문에 중독자들이 선호한다. 헤로인의 부작용에는 동공의 축소, 변비, 기침 반사 억제 등이 있다. 실제로 기침 반사 억제나 변비 유발 작용 때문에 헤로인 성분이 기침약이나 설사약에 함유된 적이 있었다.

아편이나 헤로인의 치명적 작용 중 하나가 호흡 속도를 느리게 하는 것이다. 이 작용은 아편이 척수의 바로 위에 있는 뇌간의 호흡 중추(호흡을 조절하는 곳)를 직접 억제하기 때문에 일어난다. 때로 호흡이 너무 심하게 억제되어 숨을 전혀 못 쉬다가 결국 죽는 경우도 있다. 실제로 호흡 마비는 헤로인 남용자의 가장 흔한 급성 사인이다.

이렇게 치명적 위험성을 가진 아편에도 중요한 의학적 작용이 있다. 바로 진통 효과다. 아편은 진통 효과가 가장 뛰어난 약물이지만 중독성 때문에 통증이 매우 심하거나 만성적인 환자, 또는 임종을 앞둔 환자에게만 처방되고 있다. 그런데 통증 완화를 위해 아편을 처방한 환자들에게서 흥미로운 이야기를 들을 수 있다. 아편을 복용한 환자들은 통증은 느끼지만 더 이상 통증 때문에 괴롭지는 않다고 말하곤 한다. 여기에서 통증의 본질에 관한, 흥미로운 사실을 발견할 수 있다. 통증이 없는 건강한 사람들이 '기쁨'을 위해 여전히 헤로인을 복용하는 이유가 이러한 작용 때문이라고 설명할 수 있지 않을까? 헤로인 중독자들도 아마 이와 비슷한 방식으로 일상의 걱정과 근심에서 자유로워지는 것 같다. 헤로인을 복용하는 이러한 이유도 곧 또 다른 이유, 즉 단지 욕구를 충족시키려는 이유에 자리를 내주고 만다.

이제 다시 시냅스에 대해 알아보자. 아편이 작용하는 방식은 체내에 존재하는 어떤 정상적인 신경 전달 물질 집단을 흉내 내는 것이다. 이 신경 전달 물질의 이름은 엔케팔린(enkephalin), 엔도르핀(endorphin), 디노르핀(dynorphin)이다(2장 참조). 아편의 분자 구조는 이 신경 전달 물질과 매우 비슷하기 때문에 이 물질이 결합하는 수용체 단백질에 쉽게 들어맞는다. 따라서 아편을 복용하면 표적 신경세포가 정상 신경 전달 물질의 자극을 받는 것으로 착각하게 된다. 체내에 엔케팔린 등의 물질이 존재하여 아세틸콜린과 마찬가지로 특정 신경세포들 사이에서 신호를 전달한다는 사실의 발견은 1970년대에 거둔 위대한 과학적 성과다. 또한 이 물질들은 적어도 어느 경우에는 정상적인 진통 작용에 중요한 역할을 하는 것으로 보인다. 예를 들어 날록손(naloxone)이라는 약물을 투여하여 엔케팔린의 작용을 차단하면 통증이 더 심하게 느껴진다. 날록

손은 침술의 진통 효과도 일부나마 억제한다(2장 참조). 침술의 진통 작용은 엔도르핀을 매개로 해서 일어나기 때문에 침을 꽂으면 통증이 서서히 완화되기 시작하고 침을 뽑은 후에도 진통 효과가 지속된다. 침이 효과를 나타내는 이유에는 여러 가지가 있겠지만 엔케팔린 등의 분비가 한 원인이라고 생각된다그림 7.

약물인 헤로인과 신경 전달 물질인 엔케팔린의 차이점은 과연 무엇일까? 뇌에 아편 비슷한 물질이 들어 있다고 해서 우리 모

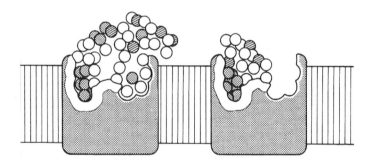

그림 7

신경 전달 물질과 그 수용체의 결합. 왼쪽 그림은 뇌에 존재하는 천연 물질이 전용 수용체에 완벽하게 결합한 상태를 나타낸 것이다. 신경 전달 물질과 수용체가 결합하면 신경세포에서 전기 신호가 유발된다. 오른쪽 그림처럼 천연 신경 전달 물질과 유사한 모양을 한 약물이 신경 전달 물질의 작용을 모방할 수 있다. 엔케팔린이라는 신경 전달 물질과 모양이 비슷한 약물은 아편이다.

3장 흥분과 흥분파   139

두가 중독자가 되는 것은 아니다. 아편과 비슷한 펩티드(peptide)와 아편의 차이점은 아세틸콜린과 니코틴의 차이점에 비유할 수 있다. 아편과 비슷한 정상 펩티드, 즉 엔케팔린 등은 때에 따라 소량으로 서로 다른 장소에서 분비된다. 그러나 모르핀이나 헤로인 같은 약물은 한 번에 뇌의 가능한 모든 부위에서 각각의 시냅스 모두에 작용한다. 즉 수용체가 있는 곳에서 약물의 홍수가 일어난다. 이렇게 수용체가 있는 뇌 부위가 지나치게 활성화되면 이 부위는 고농도의 약물에 익숙해지고 그 결과 정상 농도에 대한 민감성이 크게 떨어진다. 민감성은 자꾸 감소하여 처음과 동일한 효과를 얻으려면 더 많은 약물을 투여해야 한다. 결국 또 하나의 중독이 일어난다.

　중독 위험이 있는 또 다른 약물은 코카인(cocaine)이다. 코카인은 남아메리카 안데스 산맥의 해발 1,000~3,000미터 지역에서 자라는 코카나무에서 추출한 물질이다. 매년 9,000톤에 육박하는 코카 잎이 페루 고산 지대 거주민에 의해 소비된다. 이들은 행복감을 느끼기 위해 코카 잎을 씹거나 빤다. 코카인과 관계된 뇌 속의 정상 신경 전달 물질은 노르아드레날린(noradrenaline)이다. 코카인은 니코틴과 아편이 아세틸콜린이나 엔도르핀을 직접 흉내 냈던 것과는 다른 방식으로 작용한다. 코카인은 더 많은 양의 노르아드레날린이 작용하게 만든다. 노르아드레날린은 작용이 끝난 후 즉시 신경세포 속으로 흡수되어 제거되는 것이 정상이다. 코카인은 바로 이 흡수 과정을 차단함으로써 노르아드레날린의 작용을 비정상적으로 오래 지속시킨다.

코카인이 위험한 것은 뇌에서 더 많은 노르아드레날린이 작용하게 만드는 것뿐 아니라, 신체 전반에 걸쳐 중요 장기의 신경이 분포하는 곳에서 노르아드레날린의 농도를 상승시키기 때문이다. 노르아드레날린은 신체를 거짓 스트레스 상황에 처하게 만든다. 심장 박동이 빨라지고 혈압이 올라가서 뇌졸중이 일어날 가능성이 높아진다. 암페타민도 코카인과 비슷한 효과를 나타낸다. 암페타민은 노르아드레날린과 그 앞 단계의 신경 전달 물질인 도파민이 지나치게 많이 분비되도록 자극한다. 또한 암페타민은 신경세포가 이 신경 전달 물질들을 흡수하지 못하도록 차단하기 때문에 가뜩이나 많이 분비된 신경 전달 물질이 더 많이 소비되도록 만든다. 그 결과 도파민과 노르아드레날린은 정상에 비해 훨씬 더 오랫동안 시냅스에 작용하게 된다.

도파민, 노르아드레날린, 그리고 심지어 아세틸콜린까지 뇌의 가장 원시적 부위인 뇌간의 신경세포 집단에서 분비된다. 분비된 신경 전달 물질들은 마치 분수처럼 퍼져서 고등 기능을 담당하는 피질이나 그 바로 밑의 피질밑 부위에 광범위하게 전달된다(1장 참조). 이렇게 신경 전달 물질들이 광범위하게 분포하는 체제는 잠들었거나 깨어 있는 각성 수준과 관련이 있다. 또한 이 물질들은 뇌 곳곳의 신경세포의 활성을 약간 변화시키는 신경 조절을 할 수 있다. 따라서 이 체제를 변화시키는 약물이 각성 수준에도 영향을 미칠 수 있음은 놀라운 일이 아니다. 예를 들어 암페타민 복용자는 가만히 있지 못한다. 집중을 못하고 주위 환경에 별 변화가 없어도 끊임없이 주의가 산만해진다. 암페타민 중독자는 무엇이 일어나고 있는지 적절히 판단할 수 있는 정신적 여력이 없이 외부 세계에 의하여 끊임없이 좌지우지된다는 점에서 정신분열병 환자와 많이 비슷하다.

세 번째 마약으로 엑스타시(MDMA)가 있다. 엑스타시는 네 번째 신경 전달 물질 체계인 세로토닌(serotonin)에 작용한다. 세로토닌도 뇌간에서부터 위쪽과 바깥쪽으로 투사된다. 엑스타시는 환각제로 알려져 있는데, 그 이유는 압도적인 자신감과 더불어 육체 이탈의 느낌을 주기 때문이다. 엑스타시는 세로토닌이 지나치게 많이 분비되게 만든다. 뇌에 세로토닌이 넘쳐나면 대사 과정에 극

적인 효과가 나타나고 체온이 조절되는 방식에도 큰 변화가 일어
난다. 병적인 행복감을 느끼고 활동이 지나치게 많아진다. 환각
파티에서 엑스타시에 취해 춤추는 이들의 특징이 바로 끊임없이
반복하는 과다 활동이다. 실험용 쥐에서도 비슷한 효과를 관찰할
수 있다. 정상 쥐를 상자에 집어넣으면 꾸준히 상자 속을 살피면서
일어서기, 냄새 맡기, 걷기, 비비기 등의 여러 가지 다양한 운동을
한다. 그러나 엑스타시를 투여하면 정상 행동에서 벗어나 동일한
운동을 자꾸 반복한다. 이러한 반복적인 운동은 약물에 취한 사람
들이 보였던 반복적인 춤 동작과 너무도 흡사하다.

엑스타시의 효과가 세로토닌의 급격한 방출 때문인지, 아니
면 급격한 방출에 따른 세로토닌의 고갈 때문인지는 아직 확실하
지 않다. 어쨌든 심각한 문제점은 쥐에게 장기간 반복적으로 엑스
타시를 투여한 결과 뇌간에 있는 솔기핵(봉선핵, raphe nucleus)의 신
경세포들이 죽는 실험적 증거가 나왔다는 것이다. 솔기핵에서 시
작된 축삭들은 분수처럼 위쪽과 바깥쪽으로 널리 투사되어 뇌의
상위부에 전달된다. 이 신경세포들은 수면 같은 매우 기본적인 기
능을 조절하는 것과 관련이 있다.

분수처럼 세로토닌을 전달하는 이 신경세포들은 항우울제 치

료의 표적도 된다. 대부분의 항우울제는 이용할 수 있는 세로토닌의 양을 증가시킴으로써 효과를 나타낸다. 하지만 이 항우울제는 신경세포를 죽이지 않는다. 현재 가장 널리 이용되는 항우울제인 프로작(Prozac)은 이 방식을 쓴다. 그러나 이용할 수 있는 세로토닌의 양이 늘어나면 행복감이 일어나듯이, 단기적으로 세로토닌의 분비를 증가시키는 엑스타시 등의 약물도 항우울제와 비슷한 효과를 나타낼 수 있다. 하지만 항우울제와는 달리 엑스타시를 반복해서 복용하면 신경 종말이 죽는다. 그 결과 세로토닌이 영구히 고갈되면, 우울증이라는 부작용이 다시 일어난다. 실제로 엑스타시를 장기 복용한 후 우울증에 빠지거나 자살하게 됨을 시사하는 연구 결과가 발표된 바 있다.

약물은 다양한 화학 물질에 작용하고 시냅스 전달의 각 단계에 개입하기 때문에 약물이 뇌에 미치는 영향은 매우 다양하다고 할 수 있다. 니코틴과 아편은 특정 천연 물질의 수용체에 작용함으로써 그 효과를 흉내 내지만, 코카인은 또 다른 물질의 흡수를 차단함으로써 그 물질의 양을 증가시킨다. 엑스타시는 어떤 신경 전달 물질을 고갈시킨다는 점에서 또 다르다. 인간의 뇌에는 수많은 종류의 신경 전달 물질이 존재하기 때문에 약물마다 표적이 되는 물질들이 존재하며 약물이 작용하는 방식도 매우 다양하다. 이제 약물의 효과를 어느 정도 알 수 있게 되었지만 장기간에 걸쳐 일어나는 전반적 효과나 신체 다른 곳에 나타날 수 있는 부작용에 대해서는 아직도 모르는 것이 많다.

아마도 가장 흥미로운 주제는 물질이나 세포의 변화와 사람이 실제 느끼는 방식의 변화 사이의 연결 고리일 것이다. 아편이 엔케팔린 수용체를 지나치게 자극하면 행복감에 빠지고 통증에 무감각해지는 이유는 무엇일까? 항우울제가 시냅스에 작용하여 세로토닌의 양을 증가시킴으로써 우울증을 치료하는 과정은 어떻게 일어나는가? 물질 또는 세포 수준에서는 항우울제가 몇 시간 이내에 작용을 시작하지만 치료 효과가 나타나려면 약 10일이 지나야 한다는 사실을 생각하면 이 수수께끼는 매우 무의미해진다. 어떤 물질과 특정 기분 사이의 관계가 단순한 일대일 상관 관계가 아님이 분명해지기 때문이다.

약물의 작용을 연구함으로써, 시냅스에서 일어나는 특이하고 정확한 변화와 시냅스에서 일어난 이러한 변화들이 감정을 구성하는 방식 사이의 연결 고리를 불확실하게나마 조명할 수 있다. 신경과학의 가장 큰 과제 중 하나가 행복이라는 거시적 현상을 어떻게 시냅스 전달과 화학적 조절이라는 작은 요인들로 설명할 수 있는지 밝혀내는 것이다. 화학 물질과 전기 작용이 혼합된 뇌가 우리의 독특한 의식을 좌우하는 과정을 상상한다는 것은 진정 즐거운 일이다. 독특하고 개성적인 뇌가 어떻게 형성되고 어떻게 겉으로 표현되는지에 대해서는 다음 두 장에서 살펴볼 것이다.

4
세포 위의 세포

어떤 이가 물리학자 마이클 패러데이에게 물었다. 전기가 무슨 쓸모가 있냐고. 패러데이가 되물었다. 갓난아기는 무슨 쓸모가 있소? 패러데이의 현답에 누구나 공감할 것이다. 사람의 갓난아기는 전혀 쓸모가 없는 것처럼 보인다. 인간이 어른 노릇을 하려면 약 16년이 걸리지만, 임신 기간이 약 21일인 쥐의 새끼는 태어난 지 두 달이면 성숙한다. 코끼리의 임신 기간은 사람의 두 배인 20~22개월이지만 태어난 후 11년 이내에 성숙한다. 그렇다면 인간은 왜 다른 동물에 비해 훨씬 더 긴 시간 동안 양육되어야 하는가 하는 물음에 도달하게 된다. 진화론을 미국에 보급했던 철학자이자 역사학자인 존 피스케(John Fiske)는 1883년 다음과 같은 질문을 던졌다. "요람기의 의미는 무엇인가? 사람이 다른 동물에 비해 더 무력한 존재로 태어나 연장자의 따뜻한 보살핌과 현명한 충고를 더 오랫동안 받아야 하는 이유는 무엇인가?" 이 장에서는 뇌의 발생 과정을 공부하고 개인을 완성하는 요인들을 확인하면서 이 질문의 답을 찾아볼 것이다.

생명은 아버지의 정자 하나가 어머니의 난자 속으로 파고 들어가는 수정에서부터 시작된다. 수정이 일어나는 즉시 난자 표면에 화학적 변화가 일어나서 다른 정자가 난자 속으로 들어오지 못하도록 차단된다. 하지만 지름이 고작 0.1밀리미터 정도인 수정란에서 시작하여 뇌가 만들어지기까지는 먼 길을 지나야 한다. 모든 장기가 그렇듯이 뇌가 만들어지는 첫 단계는 난자와 정자가 합쳐져서 하나의 접합자(zygote)를 형성하는 것이다. 약 30시간이 지나면 이 접합자는 두 세포로 분열하고, 이 과정을 자꾸 반복하여 3일 이내에 오디 모양의 세포 덩어리를 이룬다. 이 세포 덩어리를 상실배(오디배, morula)라고 한다(라틴 어 *morula*는 '오디'라는 뜻이다.).

수정 후 5일이 지나면 상실배의 세포들이 두 집단으로 분리된다. 한 집단은 바깥벽을 이루어 속이 빈 둥근 공간을 만들고, 다른 집단의 세포들은 이 공간 속에서 촘촘히 뭉쳐서 덩어리를 이루며

한쪽 구석에 위치한다. 이제 상실배는 포배(주머니배, blastocyst)가
되었다. 바깥벽 세포들은 자라나는 배아에 영양을 공급할 것이며,
바깥벽 안의 세포 덩어리, 즉 속세포덩이는 배아로 자라날 것이
다. 하지만 수정 후 겨우 6일이 지났을 뿐이다. 그 다음 일어나는
중요한 단계는 포배가 자궁으로 파고 들어가 착상하는 것이다. 포
배는 아기가 태어날 때까지 필요한 모든 영양분을 자궁에서 얻을
수 있다.

착상 후 하루 이내에 포배의 속세포덩이가 바깥벽 세포로부터
분리되고, 바깥벽 세포는 자궁과 합쳐진다. 속세포덩이는 납작해
지기 시작해서 배아 원반(embryonic disk)을 이룬다. 배아 원반은 두
겹의 세포로 구성된 타원형의 판이다. 얇고 조그만 배아 원반에서
인체를 이루는 모든 세포들이 시작된다는 사실은 참으로 믿기 힘
들다. 그러나 배아 원반은 벌써 단순하게나마 분화되기 시작한다.

12일경에 배아 원반의 위층 세포들 중 일부가 가운데를 향해
줄줄이 이동하기 시작한다. 이어서 이 세포들은 위층과 아래층 사
이로 파고 들어가 넓게 퍼져 셋째 세포층을 이룬다. 이제 배아 원
반은 세 겹이 되었다. 뇌가 될 기미가 처음 나타나는 때가 바로 이
단계다. 중간층 세포들이 위층 세포들에게 화학 신호를 보내면 위

층 세포들이 분화되어 신경세포가 되는 것으로 추정된다. 발생학자들은 위층에서 신경세포가 될 부분을 신경판(neural plate)이라고 부른다.

18~20일에 신경판의 가운데 부분에서 변화가 나타나기 시작한다. 그 결과 신경판의 가운데 부분이 속으로 가라앉고 양옆의 가장자리 부분이 위와 바깥으로 이동한다. 3주 이후에는 양쪽 가장자리가 융기하기 시작하여 신경 고랑(neural groove)이 형성된다. 그 다음 신경 고랑의 양쪽 가장자리가 정중선을 향해 접혀서 서로 합쳐진다. 그 결과 원통 모양의 신경관(neural tube)이 만들어진다. 첫 달이 끝나는 무렵이면 원시적이나마 뇌가 만들어진다. 사실은 신경관이 만들어지기 한참 전에 초기 뇌가 만들어지기 시작한 상태다. 신경판 단계에서 장차 뇌의 특정 부분으로 분화될 특정 부분이 결정된 상태인 것이다.

5주가 되면 배아의 앞쪽에서 두 개의 돌출부를 확인할 수 있다. 이곳은 장차 좌우 대뇌 반구는 물론 그 피질 밑에 위치한 기저핵 같은 부분이 된다. 2장에서 배운 바와 같이 기저핵은 운동에 중요하다. 이 모든 복잡한 초기 과정은 머리뼈에 둘러싸인 상태에서 일어난다. 머리뼈는 아직 막으로 이루어져 있기 때문에 엄청나게 넓게 확장될 수 있다. 뇌가 다 자란 후에야 비로소 머리뼈가 굳는다.

신경세포가 될 세포들은 여러 차례 분열하기 때문에 세포 수가 급격히 늘어난다. 1분에 최대 25만 개의 세포들이 새로 만들어진다. 초기 뇌는 계속 발달하여 신경관의 상위 부분에 융기 세 개가 형성된다. 2개월째가 되면 뇌의 부위를 육안으로 확인할 수 있다. 신경관의 앞부분은 다른 부분에 비해 더 빨리 자라기 때문에 두 군데가 먼저 굽어서 척수가 될 부분에 대해 거의 직각을 이룬다. 가장 앞부분은 좌우 대뇌 반구로 자라고, 11주경에 뒷부분에서 소뇌가 될 융기가 자라 나온다.

열려 있던 신경관의 입구가 닫히면 뇌 속에 뇌실이라는 공간이 형성된다. 뇌실은 미로처럼 연결되어 척수로도 이어지고, 작은 구멍을 통해 뇌 바깥으로 연결되기도 한다. 무색의 액체가 이 구멍을 통해 흘러나와 뇌와 척수를 일생 동안 감싸고 흐른다. 예전에 의학자 갈레노스는 이 액체, 즉 뇌척수액이 바로 영혼이라고 생각했다(1장 참조). 현재는 진단 목적으로 허리에서 뇌척수액을 뽑는 경우가 많다.

19세기에는 사람 뇌의 발생 과정이 진화 과정을 반영한다고 생각했다. 이 이론에 따르면 자궁에서 자라는 사람의 뇌는 처음에 파충류의 뇌를 닮은 것에서 출발해 물고기와 새의 뇌와 비슷한 것이 되었다가 쥐나 고양이 같은 하등 포유류를 지나 고등 포유류의 뇌가 된다. 그 후 임신 말기에 가까워질수록 가장 고등 동물인 영장류의 뇌와 비슷하게 되고, 결국 사람의 뇌가 된다. 20세기 초반에도 이러한 믿음은 지속되었다. 올더스 헉슬리(Aldous Huxley)는 그의 소설에서 주교의 예복을 입고 주교의 반지를 낀 "물고기의 후예"를 묘사하고 있다.

개체 발생이 계통 발생을 반복한다는 이 이론은 흥미롭고 매혹적이지만 보편적인 진실은 아니다. 어떤 뇌가 다른 '하등' 동물의 뇌보다 더 발달되었다고 단순하게 말할 수는 없다. 진화는 사다리라기보다 나뭇가지 같은 것으로, 좋은 그 생활 방식이 요구하는 바에 따라 서로 다른 방향으로 발생한다. 예를 들어 사람의 뇌는 그 발생 과정에서 뱀의 뇌와 비슷한 적이 한 번도 없다. 뱀의 뇌는 냄새를 맡는 부분이 특히 발달되어 있다. 즉 특정 종의 뇌는 그 생활 방식에 적합하게 진화되었다. 닭이나 물고기의 소뇌는 뇌 전체에서 각각 절반 또는 90퍼센트에 해당되지만 사람의 소뇌는 자라는 동안 한 번도 이 정도로 커지지 않는다. 소뇌는 종 사이의 차이가 가장 작은 뇌지만, 닭과 물고기의 뇌에서 소뇌가 차지하는 비율이 높은 것은 뇌가 기본 틀에서 벗어나서 특정 종에 적합하도록 변화되었음을 뜻한다. 아마도 물고기나 닭의 생활 방식이 사람에 비해 감각 정보와 절묘한 조화를 이루는 운동을 해야 할 필요성이 많기 때문으로 해석된다. 모든 종의 뇌가 그 발생 과정에서 비정상적으로 소뇌가 큰 단계를 거치는 것은 아니다.

반면에 발생 중인 사람 뇌의 대표적 특징 중 하나가 아직 성숙하지 않은 상태의 피질이 발생 단계별로 다른 동물의 뇌를 많이 닮는다는 것이다. 예를 들어 쥐, 토끼, 기니피그의 피질은 표면이 매끈하지만 고양이의 피질에는 약간의 주름이 있다. 영장류 뇌 단계에 이르면 주름이 급격히 증가하여, 성숙한 피질의 표면은 호두 알맹이를 닮았다. 흥미롭게도 이 주름들은 사람 뇌의 발생 단계에서 비교적 늦게 7개월 정도에 나타난다. 피질에 주름이 있으면 제한된 공간 속에 더 넓은 표면이 들어갈 수 있다는 장점이 있다. 종이를 상자 속에 뭉쳐 넣는 경우를 상상해 보라. 구길수록 더 많은 종이가 들어간다.

피질에 주름이 접히며 발생하는 과정은 개체 발생이 계통 발생을 반복하는 것의 사례처럼 보이기도 한다. 그러나 피질의 기능은 종에 따른 생활 방식의 차이와 무관하게 뇌의 전반적 발달 상태와 관련이 있다. 1장에서 살펴본 것처럼 인지 과정에 가장 중요한 부위가 피질이라면, 피질이 넓은 동물일수록 주어진 환경에 대한 융통성과 적응성이 높을 것이다.

그러나 피질에 사람보다 더 많은 주름을 가진 돌고래의 지능은 개 정도에 불과하다고 한다. 돌고래의 뇌가 큰 이유는 단지 뇌가 커질 때 그 어미의 골반으로 인한 제한을 받지 않기 때문이다. 사람의 뇌는 산모의 골반 때문에 크기의 제한을 받는다. 돌고래의 피질이 넓긴 하지만 사람에 비해 얇고 신경세포들도 덜 복잡하다. 따라서 피질의 주름이 뇌의 능력을 결정하는 한 요인이며 태아가 성장하는 과정과 진화 과정에서 늘어나는 것이 분명하지만, 다른 요인들 역시 중요하다는 결론을 내릴 수 있다.

뇌가 성장하는 동안 뇌를 구성하는 기본 요소인 신경세포의 수준에서 일어나는 변화의 순서는 어느 동물이나 모두 동일하다. 신경세포로 이루어진 뇌가 성장하려면, 신경세포의 수가 늘어나야 한다. 앞으로 신경세포가 될 세포들은 둘로 분열되어 뇌를 성장시킨다. 신경세포가 될 세포들은 분열하기 위해 짧은 거리를 여러 번 이동한다. 이 세포의 세포체 부분에서 돌기가 자라고, 세포체 부분은 신경관의 바깥쪽에서부터 중심을 향해 미끄러져 들어간

다. 일단 중심에 도달하면 세포 분열이 일어나고, 그 결과 형성된
두 세포는 신경관의 바깥쪽으로 되돌아가서 새로운 주기를 시작
한다.

뇌는 균일한 덩어리가 아니며 1장과 2장에서 본 것처럼 모양
도 다르고 담당하는 기능도 다른, 고도로 분화된 여러 부위로 구성
되어 있다. 뇌가 성장하려면 더 많은 세포가 생산되어야 함은 물론
이고 이 세포들이 적절한 장소에 자리 잡아야 한다. 신경세포는 여
러 차례 세포 분열을 거친 후 적절한 위치로 이동해야 한다.

처음에는 세포가 신경관의 안쪽 부분에서 바깥쪽 부분으로
단순히 이동하면 되었다. 그러나 세포들이 많아져 신경관이 두꺼
워지고 체계화되면 세포들이 서로 다른 방향으로 이동하여 각각
다른 운명을 따르게 된다. 예를 들어 중간 부위 바로 밑으로 이동
하는 일부 세포는 사이신경세포(interneuron)라는 특수한 세포가 되
어서 짧은 신경 회로를 이루어 다른 신경세포들을 연결한다. 이곳
으로 이동하는 다른 일부 세포는 신경교세포가 된다.

신경교세포(아교세포, glial cell)는 신경세포가 아니지만 뇌에 매
우 많이 존재해서 그 수가 신경세포의 열 배에 이른다(영어 용어 glia
는 아교(glue)를 뜻하는 그리스 어에서 유래했다. 이 세포를 처음 발견했을 때 신경

세포에 붙어 있는 것처럼 보였기 때문이다.). 신경교세포에는 여러 종류가 있으며 각각 서로 다른 기능을 갖고 있다. 그중 한 종류인 미세아교세포는 손상된 뇌 조직에서 잔해물을 제거하는 일종의 대식세포(큰포식세포, macrophage)다. 또 다른 신경교세포는 마치 전선을 감는 절연 테이프처럼 신경세포의 축삭을 에워싸는 지방막을 형성한다.

별 모양에서 이름이 붙은 성상교세포(별아교세포, astrocyte)는 가장 수가 많으며 담당하는 역할도 많다. 예전에는 성상교세포가 특별한 기능을 갖지 않고 신경세포 주위를 지나며 그물 같은 조직을 형성할 뿐이라고 생각되었다. 이 그물 같은 조직을 세포밖바탕질(세포외기질, extracellular matrix)이라고 한다. 그러나 현재는 성상교세포가 광범위하고 더 능동적인 기능을 담당한다는 것이 잘 알려져 있다. 건강한 성인에서는 이 세포가 신경세포 주위의 미세 환경을 화학적으로 쾌적하게 유지함으로써 신경세포를 보호한다. 또 너무 많아서 독이 될 가능성이 있는 화학 물질을 흡수하는, 일종의 완충 장치로 작용한다. 실제로 신경세포가 손상되면 성상교세포가 활성화되어 수와 크기가 증가하여 신경세포를 성장시키는 물질을 고농도로 분비하고 손상을 치유할 수 있다.

———

발생 중인 뇌에서 신경세포가 먼 구석까지 이동하는 데 신경 교세포가 중요한 이유는 무엇일까? 아직 신경세포의 이동 과정을 완벽하게 이해하지는 못했다. 하지만 뇌의 발생에서 신경교세포가 담당하는 한 가지 매우 중요한 역할이 밝혀졌는데, 그것은 일시적으로 일종의 뼈대를 형성하는 것이다. 신경교세포는 마치 선로를 깔 듯이 신경세포에 앞서 출발한다. 이어서 신경세포가 신경교세포가 깔아 놓은 선로를 따라 마치 모노레일처럼 미끄러져 이동한다. 만일 신경교세포가 없다면 일부 신경세포가 이동할 수 없기 때문에 끔찍한 결과가 초래될 수 있다.

신경세포가 신경교세포 모노레일을 따라 이동할 수 없을 때 일어나는 문제 중에서 가장 대표적인 예가 돌연변이 생쥐의 일종인 위버 마우스(weaver mouse)다. 위버란 '베 짜는 사람'이라는 뜻으로, 심각한 운동 증상이 마치 베를 짜듯 하기 때문에 붙은 이름이다. 이 생쥐는 일직선으로 걷지 못하고 갑자기 엉뚱한 방향으로 꺾어져 걸어가며, 일반적으로 힘이 없고 끊임없이 몸을 떠는 경향이 있다. 위버 마우스는 소뇌에 문제가 있다. 유전자 돌연변이로 인하여 소뇌의 신경교세포가 제대로 발생하지 못한 것이다. 그 결과 소뇌의 신경세포 집단 일부가 제자리를 찾아가지 못한다. 이어서 더 많은 신경세포들이 제대로 정렬되지 못하고 전체 소뇌도 비정상적으로 작아진다. 2장에서 살펴본 것처럼 소뇌는 운동과 감각을 조정하는 중요한 역할을 하기 때문에 소뇌 장애가 있는 위버 마우스에서 운동 장애가 나타나는 것은 너무도 당연한 일이다. 그런데 신경세포들은 언제 모노레일에서 하차해서 자신의 최종 목적지로 가야 하는지를 어떻게 아는 것일까? 신비롭기만 하다.

세포 증식을 통해 새로운 신경세포들이 생겨나고 이 세포들이 신경교세포 모노레일을 따라 이동한 후 정렬한다. 그리고 마치 양파처럼 층 위에 층이 쌓여 뇌가 점차 자란다. 그 결과 처음에는 얇은 단층이던 피질판에서 가장 바깥층인 피질이 형성되기 시작한다. 더 많은 세포들이 도달하면서 피질판의 첫 층을 통과한 후 둘째 층을 이루고, 또 다음 세포들이 이동하면서 먼저 도달했던 층들을 통과하는 식으로 성장이 이루어진다. 성숙한 피질에는 모두 여섯 층이 존재한다. 처음 도달한 신경세포들은 피질의 가장 깊은 층이 되어 표면에서 가장 멀리 떨어져 있고, 피질의 가장 바깥층 신경세포들은 마지막에 이동한 것들로서 뇌의 표면을 이룬다.

신경관의 세포가 피질 신경세포로 분화되는 요인은 무엇일까? 신경세포가 신경교세포 모노레일에서 하차하는 시점처럼 신경세포가 분화되는 과정에 대해서는 알려진 바가 거의 없다. 신경세포에는 세포 부착 분자라고 불리는 접착제 같은 물질이 존재하기 때문에 신경세포들끼리 서로 부착되어 집단을 형성할 수 있다. 예를 들어 발생 중인 망막에서 신경세포를 추출한 후, 이들을 다른 뇌 부위에서 추출한 신경세포들과 혼합하는 실험이 있었다. 그 결과 본래 망막에서 추출했던 신경세포들은 서로 모여서 다시 뭉쳤다. 이것으로 보아 본래 갖고 있던 자신의 운명적 특성을 유지하고 있음을 알 수 있었다. 한 신경세포가 얼마나 크고 어떤 모양이 될지, 어느 곳에서 어느 신경세포들과 연결될지를 결정하는 단계는 여러 차례 일어난다. 신경 전달 물질로 이용할 화학 물질의 종류는 신경세포가 증식을 중단하자마자 단 한 번에 결정되는 것으로 보인다. 임신 9개월에 이르면 우리가 일생 동안 가지고 살아가게 될 거의 모든 신경세포가 뇌에 들어 있게 된다 그림8.

그리고 드디어 아기가 태어난다. 출생 후에도 뇌는 계속 자란다. 만일 자궁 안에서 계속 자란다면 머리가 너무 커져서 산도를 지날 수 없을 것이다. 출생 당시 사람의 머리 크기는 침팬지와 거의 같아서 약 350세제곱센티미터나 된다. 생후 6개월에 이르면 성인 머리의 절반 크기에 이르고, 만 두 살이 되면 4분의 3이 된다. 만

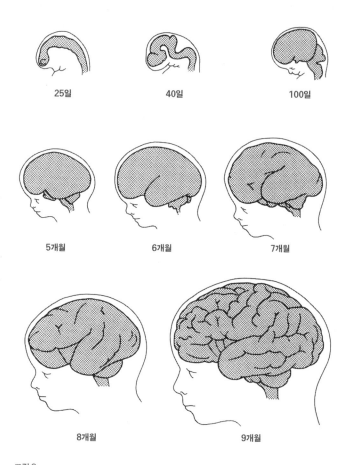

그림 8
태아(배아) 뇌의 발생 과정.

네 살 된 아기의 머리 크기는 출생 당시의 네 배인 1,400세제곱센티미터다.

생후 한 달 이내인 아기도 벌써 반사 작용을 한다. 반사는 주어진 일정한 상황에 대한 변함 없는 반응이다. 그중 하나가 물을 푸는 듯한 팔의 운동으로, 장차 물건을 움켜쥐는 고등 기능의 기본이 된다. 아기의 팔이 몸통으로부터 멀어지도록 당기면 이 반사가 나타난다. 즉 아기는 팔을 빼서 다시 몸통에 붙이려는 반응을 보인다. 이 움켜잡기반사(파악반사)는 아기가 자랄수록 점점 더 세련되어 간다. 손바닥에 올려놓은 물건 주위로 손가락을 오므리는 반사에서 시작하여, 물체가 손등에 닿으면 손을 뒤집어 잡을 수 있는 능력을 갖게 된다. 최종적으로 물건을 스스로 잡을 수 있게 된다. 이때 눈에 보이는 모든 물건에 자발적으로 팔을 뻗는 운동이 먼저 일어난다.

물건을 쥐는 운동이 발달하는 단계에 발맞추어 아기의 피질에도 변화가 일어난다. 생후 첫 한 달 동안 절연 물질인 수초의 양이 피질에서 엄청나게 증가한다(3장 참조). 일단 축삭이 수초에 둘러싸이면 축삭이 전기 신호를 전달하는 효율이 훨씬 높아진다. 스스로 팔을 뻗어 물건을 움켜쥐는 것처럼 정교한 운동은 피질의 신경세포가 가능한 효율적으로 작동할 때에만 일어난다. 수초의 형성은 15세까지, 심지어 그 후까지 쭉 계속해서 신속하게 일어난다. 더 기분 좋은 일은 심지어 60세에도 수초의 밀도가 계속 증가할 수 있다는 사실이다.

결국 첫 돌이 가까워질 무렵, 물건을 집어 올리는 능력이 완성된다. 아직 어린 아기는 손가락 전체를 한꺼번에만 움직일 수 있지만 좀 더 크면 손가락을 따로 움직일 수 있게 된다. 특히 엄지와 검지를 이용하여 작은 물건을 집는 집게 운동(pincer movement)이 가능해진다. 이런 종류의 운동을 할 수 있는 동물은 대부분 영장류다. 영장류는 개나 고양이와 달리 운동의 조절과 직접 관련된 부위, 즉 운동피질(2장 참조)이 각각의 손가락 근육의 수축을 일으키는 척수 신경과 직접 연결되어 있다.

가장 세련되고 가장 진보된 운동은 손가락의 미세한 운동이다. 운동피질 중에서 가장 많은 신경세포가 배정된 곳이 손가락을 담당하는 영역이다. 운동피질이 손상된 후 다른 운동 능력 대부분이 기적적으로 회복되어도 손가락의 미세한 운동은 되돌아오지 않는 경우가 많다.

일단 손가락을 따로 움직일 수 있게 되면 손재주가 크게 발달한다. 손재주가 향상된다는 것은 도구를 더 쉽게 다룰 수 있다는 것을 뜻하며, 이것은 곧 종이 생존을 유지하고 발전하는 데 도움이 됨을 의미한다. 하지만 손가락을 따로 움직일 수 있는 능력은 영장류만이 누리는 고도의 기능은 아니다. 햄스터와 아메리카너구리도 발가락을 훌륭하게 조절할 수 있다.

아기 때 나타나는 모든 반사가 수의적 운동의 모태가 되는 것은 아니다. 바빈스키 징후(Babinski sign)는 처음 보고한 학자의 이름을 딴 것으로, 영아 때 사라지는 반사다. 성인의 발바닥 옆부분을 가볍게 긁으면 약 1초 후에 발가락을 오므리는 반응이 나타난다. 그러나 아기의 발바닥을 긁으면 마치 부채를 펼치듯 발가락이 벌어지면서 위로 굽혀진다. 물건을 쥐는 반사가 그렇듯이, 발생 과정에서 바빈스키 징후가 변하는 것은 신경계의 변화를 반영한다. 운동피질의 신경세포들이 근육의 수축을 조절하는 척수의 신경세포에 적절히 연결되자마자 바빈스키 징후가 변한다. 성숙한 정상 신경계에서는 운동피질에서부터 척수로 신경 흥분이 내려와서 발가락을 오므리는 근육 수축이 일어난다. 이때 발바닥을 긁은 감각이 척수를 따라 뇌로 올라간 후 뇌에서 처리되고, 이어서 척수로 되돌아오는 데 1초 정도 지연이 일어난다. 발바닥을 긁는 자극에 반응하여 발가락을 오므리려면 뇌의 특정 부위와 척수의 오름신 경로, 내림신경로의 연결이 모두 정상이어야 한다. 따라서 척수나 뇌의 손상이 의심되는 성인 환자를 진단하는 데에도 이 검사가 이 용된다. 만일 뇌의 특정 부위나 척수의 내림신경로가 손상되면 바 빈스키 징후가 다시 나타난다. 즉 발의 국소적 신경 회로가 우세해 져서 아기 때 반사로 퇴행하여 발가락이 부챗살처럼 펴진다.

일부 반사는 아예 사라진다. 예를 들어 부모가 아주 어린 아기 의 몸을 잡은 채로 발이 땅바닥에 닿게 하면 아기는 걷는 운동을 하 게 된다. 이 보행 반사의 의미를 제대로 아는 사람은 아무도 없다. 한때 보행 반사를 잘하는 아기일수록 걷는 법을 더 빨리, 더 효율 적으로 배운다고 믿은 적이 있었다. 그러나 이것은 결국 사실이 아 닌 것으로 밝혀졌다.

물건을 잡거나 걷는 것과 같이 제 의지로 하는 운동만이 출생 후에 서서히 발달하는 것은 아니다. 자신의 의지와 무관한 기능을 담당하는 또 다른 체제도 작용하게 된다. 뇌가 외부 세계의 정보를 가공하여 몸으로 하여금 독특한 생활 방식에 따라 운동하게 한다 는 것은 이미 알고 있다. 그런데 뇌는 외부 세계뿐 아니라 몸속에 서 시작되는 신호도 받아들인다. 이러한 내부 신호는 뇌를 끊임없이 자극하지만 우리가 의식하지 못하는 경우가 대부분이다. 예를 들어 호흡, 심장 박동, 혈압 등은 신경 써서 따로 조절하지 않아도 된다. 이렇게 반복적이고 지루한 과제에 신경 쓰다 보면 정작 수면 등의 다른 활동을 할 시간이 없어진다.

뇌와 주요 장기 사이의 정보 교환은 대부분 자율적으로 일어나기 때문에 이를 자율신경계라고 부른다. 자율신경계는 뇌의 지시를 받지만 척수에서 시작되어 모든 중요한 장기들에 연결되는 신경들로 구성된다는 점에서 뇌의 통제 너머까지 연장된다. 이 신경들은 매우 이른 시기에 중추신경계인 뇌와 척수로부터 독립되어 발생한다. 수정 후 3주경에 신경판이 닫히고 신경관이 형성되면서 장차 신경세포가 될 소규모의 세포들이 신경관의 양옆으로 분리된다. 이 세포 집단은 신경 능선(neural crest)이라고 불리는데, 자율신경계의 신경들이 이곳에서 유래한다.

자율신경계는 항상 일정한 상태로 작용하는 체제가 아니라 전쟁 또는 평화라는 두 가지 방식으로 작용한다. 큰 소음에 놀란 사람의 심장 박동은 자동적으로 빨라진다. 심장 박동이 빨라진다는 것은 생존을 위해 달리거나 싸우는 긴급 운동에 대비하는, 즉 혈액을 훨씬 더 빨리 뿜어내어 더 많은 산소를 공급하는 것이다.

이것이 전쟁 방식으로, 정확히 말하면 자율신경계의 교감 신경 부분이다. 교감 신경계는 생존에 즉각 필요하지 않은 일상적 작용이 중단될 때 활성화된다. 이 상황에서는 땀을 흘려 체온을 식힐 필요가 있고, 음식을 소화할 여유가 없으며, 주요 장기에 산소를 전달할 혈액이 필요하기 때문에 심장 박동이 빨라지고 혈압이 올라간다. 또 기도가 확장되어 숨쉬기가 더 쉬워지고, 부신수질(부신속질)이라는 장기에서 아드레날린이 분비되어 혈액을 따라 순환하면서 인체가 적절하게 반응할 수 있도록 도와준다.

오늘날 인류는 진정한 의미의 사냥을 하거나 사냥을 당하지 않는다. 그러나 불안하거나 흥분하면 원시인이 대초원에 살던 시대부터 필요했던 모든 신체 반응이 일어난다. 실제 싸우거나 도망치지는 않지만 마치 그렇게 하려는 것처럼 교감 신경계가 작동한다. 전화를 걸어 시험, 취업 면접, 신체검사 결과를 확인하려 할 때 심장이 쿵쾅거리고 화끈거리며 특히 손에 땀이 나는 경우가 많다. 손바닥에 땀이 나면 피부의 전기 전도성이 변하는데, 이 원리를 이용한 것이 바로 거짓말 탐지기다.

그 반대인 평화 방식은 부교감 신경계라 불리며, 평소 상황에 활성화되며, 당장 생존이 최우선으로 중시될 필요가 없을 때 작동한다. 급박하게 변화하는 상황에 반응하도록 경계할 필요 없이 긴장을 풀고 음식을 소화할 여유를 가진다. 심장 박동이 느려지고 일정해지며 음식도 계속 소화된다. 땀을 흘려서 체온을 식히거나 기도를 확장하여 호흡을 극대화할 필요도 없다.

중요한 장기를 조절하는 것은 뇌지만 신체의 상태에 관한 정보가 뇌에 되먹임되어 뇌의 상태에 영향을 미칠 수 있다. 예를 들어 베타 수용체 차단제인 프로프라놀롤(propranolol) 같은 약물은 심장 박동을 느리게 하지만 뇌에 직접 도달할 수는 없다. 그럼에도 불구하고 마음을 가라앉히기 위해 이 약물을 복용하는 경우가 있다. 그 이유는 단지 심장 박동이 느려지면 마치 숨을 깊게 쉬는 것처럼 스트레스가 없는 상황이 되었다고, 다시 말해 부교감 신경계가 작동하고 있다고 뇌가 인식하기 때문이다.

자율신경계의 반사 반응은 긴장 또는 이완이라는 전체적 상황보다는 특정 장기에 더 국한된 상황에 대한 적응도 포함할 수 있다. 누구나 관찰할 수 있는 반사의 예로 빛에 대한 홍채의 반응이 있다. 잘 알려진 것처럼 밝으면 동공이 자동적으로 축소되고, 어두워지면 다시 확장된다. 그 결과 항상 적절한 양의 빛이 눈에 들어온다. 홍채는 감정에 대해서도 자동으로 반응한다. 만일 뭔가에 감탄하거나 애정을 느끼거나 호의적이 되면 동공이 자동으로 확대된다. 실제로 일부 유능한 상인들은 거래가 성사될 가능성을 가늠하기 위해·고객의 눈을 관찰하는 훈련을 한다.

게다가 동공이 확대되면 더 매력적으로 보인다고 생각한다. 이와 관련해서 다음과 같은 잘 알려진 고전적 실험이 있다. 남성 피험자에게 여러 장의 여성 사진을 두 종류로 분류하라고 지시했다. 분류 기준은 매력의 유무였다. 동일인의 사진이 두 장씩 들어 있었지만 사진이 매우 많았기 때문에, 피험자는 얼굴을 일일이 기억할 수 없었다. 실험 결과 동일인의 사진이 두 종류로 분류되는 경우가 많았다. 두 사진의 유일한 차이는 한 사진을 조작하여 마치 동공이 확대된 것처럼 보이게 한 것이었다. 피험자인 남성은 잠재의식 상태에서 확대된 동공을 기준으로 매력을 평가했던 것이다. 19세기 여성들은 신경 전달 물질인 아세틸콜린의 특정 수용체를 차단하는 약물인 아트로핀(atropine)을 이용하여 동공을 확대했다 (3장 참조). 따라서 아트로핀은 벨라 돈나(bella donna)라고 불렸다. 그 뜻은 '아름다운 여인'이다.

사람은 스트레스에 적응할 수 있도록 몇 가지 반사를 갖추고 태어난다. 그런데 태어날 때 의식은 있을까? 이 난제에 대한 만족

스러운 해답은 어디에도 없다. 자궁 속에서도 의식이 있다는 설명
이 있다. 하지만 그렇다면 정확히 언제 의식이 생기느냐는 문제가 생
긴다. 수정란에 의식이 없음은 명백하다. 그렇다면 어느 단계에서
의식이 갑자기 나타나는 것일까? 그리고 태아는 무엇을 의식할 수
있을까? 또 다른 설명은 태어나는 순간 의식을 갖게 된다는 것이
다. 그러나 예정일보다 일찍 태어나는 아기가 많기 때문에 이 설명
도 신빙성이 없다. 그렇다면 의식을 일깨우는 것이 출산 그 자체는
아닐까? 그러나 이 설명도 뇌 자체가 출산 과정 자체의 영향을 전
혀 받지 않기 때문에 납득하기 어렵다.

한 대안은 출생 후 어느 시점에 아기가 의식을 갖게 된다는 설
명이다. 이 설명은 신생아가 자동인형에 불과함을 뜻할 뿐 아니
라, 의식이 나타나는 정확한 시기를 확인해야 하는 문제를 제기한
다. 태아와 신생아 모두 뇌가 천천히 발달한다. 따라서 의식의 시
작과 관련된 뚜렷한 변화를 확인하기가 불가능하다.

또 다른 가능성도 있다. 뇌가 서서히 단계적으로 발달하기 때
문에 의식도 아마 그러할 것이라는 설명이다. 의식이 어느 날 갑자
기 생기는 게 아니라 뇌가 성장함에 따라 의식도 발달한다는 뜻이
다. 의식이 이렇게 연속적 과정을 통해 생긴다는 것을 인정한다

면, 태아도 의식을 가지고 있지만 성인이나 신생아에 비해 훨씬 낮은 수준의 의식을 가지고 있다고 추론할 수 있다. 이런 식으로 의식을 바라보면 인간이 아닌 동물에 의식이 있는가 하는 수수께끼를 해결하는 데도 도움이 될 것이다. 즉 동물도 의식을 가지고 있지만 침팬지는 사람에 비해 낮은 수준의 의식을 갖고 있을 것이다. 그 이유는 사람과 침팬지의 뇌는 태어날 때에는 비슷하지만 그 후 다른 방향으로 발달하기 때문이다.

사람과 침팬지의 뇌는 출생 시 무게가 비슷하다. 중요한 차이점은 침팬지를 포함한 영장류의 뇌가 자궁 속에서 거의 다 발달된다는 것이다. 그러나 사람 뇌는 상당 부분 출생 후에 발달한다. 심지어 대부분의 발달이 출생 후에 일어난다는 주장도 있다. 이렇게 출생 후에 뇌가 성장하는 현상이 인간에게 침팬지에 비해 어떤 이득을 가져다줄까? DNA의 1퍼센트만 다른데 말이다.

우리의 뇌와 출생 전 발달 과정은 지난 3만 년 동안 변화가 없었다. 오늘날 갓난아기의 뇌로도 초기 크로마뇽인의 세계 속으로 쉽게 인도될 수 있다. 다시 말하면 초기 크로마뇽인 아기의 뇌도 현대 젊은이들처럼 지적으로 명석하고 컴퓨터를 다루는 데 지장이 없었을 것이라는 말이다. 적응력이 뛰어나고 감수성이 예민한 어린이의 뇌가 겪게 되는 중요한 과정은 그가 생존해야 하는 환경으로부터 특수한 자극과 속박을 받으며 발달하고 성숙하는 것이다. 그 환경이 정글이든, 컴퓨터든 관계없다. 인류의 친척인 침팬지와는 달리 인간의 뇌는 주어진 환경에 놀라운 적응력을 갖고 있다. 신생아의 뇌가 겪는 엄청난 성장 속도와 이에 따른 행동의 발달로 미루어 볼 때 뇌의 발달이 매우 빡빡한 스케줄에 따라 일어남이 분명하다.

수정 후 9개월경에는 우리 뇌를 구성할 신경세포의 대부분이 증식하여 적절한 뇌 부위에 자리 잡게 된다. 일단 운명이 정해진 신경세포들은 각각 효율적으로 뿌리를 내리고 시냅스 회로를 형성함으로써 이웃한 신경세포들과 정보 교환을 시작한다(3장 참조). 새로 발생하는 뇌에서는 항상 신경세포에서 축삭이 자라 다른 신경세포에 연결된다. 출생 후 뇌의 크기가 엄청나게 증가되는 이유는 단지 신경세포의 숫자가 늘어나기 때문이 아니라, 신경세포들 사이의 정보 교환 통로로 작용하는 축삭이 발달하기 때문이다그림9.

시험관에 배양한 신경세포에서도 축삭이 자란다. 따라서 저속으로 비디오를 촬영하면 신경세포에서 돌기가 나와 이웃한 세포에 연결되는 광경을 직접 관찰할 수 있다. 이 방법으로 관찰하

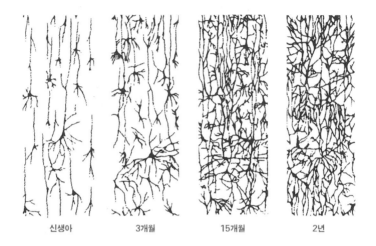

신생아	3개월	15개월	2년

그림 9

사람 대뇌피질의 발달 과정. 연결의 수가 증가하는 특징을 보인다. 신생아의 피질에서는 각각의 신경세포가 쉽게 구별되지만 만 두 살이 되면 촘촘한 연결 때문에 구별하기가 어렵다.

면, 발생 중인 신경세포는 마치 사람처럼 느껴진다. 화면에서 움직이는 신경세포들은 솜사탕처럼 연약하지만 뚜렷한 목적을 가진 것처럼 놀라운 속도로 화면을 가로지른다. 축삭이 굳건히 나아가는 과정에서 물갈퀴 모양의 축삭 종말은 흔들리고 펄럭이면서 자신이 가는 길을 진정으로 느끼는 듯 보인다. 약 1세기 전 라몬 이

카할은 이 축삭 종말을 가리켜 "뿔싸움하는 양"이라고 매우 그럴 듯하게 표현했다. 그러나 그 정식 명칭은 성장원뿔(growth cone)이다. 이런 동영상을 보고 나면, 과연 누가 뇌를 컴퓨터라고 할 수 있을까? 누가 감히 뇌를 컴퓨터 따위에 비유할 수 있을까 하는 생각이 들 정도다.

이 어린 신경세포들은 어떻게 자신의 목적지를 아는 것일까? 그 기본적 방향은 유전에 의하여 결정되지만, 최종적인 경로는 나중에 국소 인자들에 의하여 미세하게 조정되어 결정되는 것 같다. 또 다른 설명은 표적 세포가 화학 물질을 분비하여 축삭의 이동을 안내한다는 것이다. 이 화학 물질의 농도는 표적 세포에서 가까울수록 높으며 멀리 떨어질수록 낮아질 것이다. 축삭은 안내를 담당하는 화학 물질의 농도가 높은 곳을 향해 이동하여 결국 표적에 도달할 것이다.

신경의 성장을 조절하는 데 중요한 것으로 확인된 화학 물질 중 처음 밝혀진 것이 신경 성장 인자(nerve growth factor, NGF)다. NGF의 작용은 신경세포들 사이에 접촉이 일어난 후 세포 속으로 다시 운반되어 들어가는 것으로부터 시작한다고 생각된다. 일단 신경세포 속으로 운반된 NGF는 핵 속으로 들어가서, 세포 스스로

를 파괴하는 유전자의 발현을 방해함으로써 그 유전자 프로그램
의 작동을 멈추게 하는 것으로 보인다. 만일 NGF와 결합하는 항
체를 주입하면 NGF가 작용해야 할 신경세포가 죽는다. 그러나 뇌
의 발생 과정은 전적으로 NGF에만 의존하지 않는다. NGF는 신경
세포의 성장을 안내하는 수많은 화학 물질 중 하나일 뿐이며, 뇌
바깥에 존재하는 신경세포들과 뇌 속의 특정 신경세포들에만 작
용한다.

어떤 축삭은 매우 멀리 이동해야 하는데, 이상과 같은 과정이
이런 축삭에서도 일어날 것이라고는 상상하기 어렵다. 그러나 초
기 발생 과정에서는 뇌의 구조들이 서로 가깝기 때문에, 선구자격
인 소수의 축삭이 먼저 연결을 이룬 후 엿가락처럼 늘어나고 이어
서 다른 축삭들이 이를 따라 성장한다면 가능할 것이다.

축삭이 항상 일정한 방향으로 성장하는 것은 아니다. 오히려
변화하는 주위 환경에 민감하게 적응하여 최적의 조건을 선택할
수 있다. 환경 변화의 예로는 자라나는 축삭의 성장이 억제되거나
표적의 일부가 파괴되는 것 등이 있다. 이러한 사실은 실험적 조작
이 용이하고 신경세포가 성장하여 표적과 일대일로 정확하게 연
결된다는 것이 알려진, 비교적 단순한 신경계에서 증명되었다.

예를 들어 개구리의 눈에서 시작되는 축삭은 저마다 자라서 도달하는 특정 표적 영역이 정해져 있다. 이 축삭은 개구리 뇌의 덮개(피개, tectum)라는 표적 영역에 도달한다. 눈의 오른쪽 끝에서 시작된 신경세포의 축삭은 자라서 덮개의 오른쪽 끝 영역으로 들어간다. 이 신경세포의 바로 왼쪽에 있는 또 다른 신경세포의 축삭은 첫 세포가 차지하는 덮개 영역의 바로 왼쪽에 도달하는 식으로 분포할 것이다. 이러한 구성 체계를 국소순서적 배열이라 한다. 신경세포의 국소순서적 배열은 매우 정교하기 때문에 눈을 180도 회전시켜도 그 축삭은 본래 예정된 곳을 찾아간다. 그 결과 참담한 현상이 벌어진다. 즉 눈이 180도 돌아간 개구리의 눈에 비치는 세상은 위아래가 뒤집혀 있기 때문에 이 개구리는 파리를 사냥할 때 엄청난 혼란을 겪게 된다.

그러나 국소순서적으로 배열된 신경세포는 환경 변화에 적응하여 최선의 조건을 선택할 수 있다. 만일 축삭이 나오는 신경세포들 중 절반을 파괴하면, 나머지 절반이 전체 덮개 영역에 도달한다. 신경세포의 반이 파괴되지 않았다면 나머지 절반은 덮개 영역의 50퍼센트만을 차지했을 것이다. 반대로 덮개의 절반을 파괴하면, 눈의 신경세포들에서 자란 축삭은 모두 좁아진 덮개 영역에 도달하여, 비좁지만 여전히 국소순서적으로 배열될 것이다. 그 결과 정상 표적 영역에 비해 절반 넓이만을 차지한다.

신경세포의 적응력을 음미할 수 있는 또 다른 방법은 동물에서 매우 중요한 부분인 수염(whisker)을 연구하는 것이다. 동물은 수염을 이용하여 좁은 구멍을 통과할 수 있다. 이 수염은 그 동물 몸에서 가장 넓은 부분과 폭이 일치하는데, 수염에 뭔가 닿으면 그 신호가 신경을 통해 뇌에 전달된다. 만일 좌우 수염에 동시에 닿으면, 몸통이 들어가기에는 좁은 통로에 머리가 있음을 뜻한다.

수염에 분포하는 신경은 뇌로 투사되고, 뇌에 배정된 신경세포들은 술통 모양의 배열을 이루며 집단을 형성한다. 이 신경세포 집단들은 광학 현미경으로도 쉽게 관찰할 수 있다. 몇 가닥의 수염을 뽑아서 특정한 신경세포가 표적에 연결되는 관계를 조작하는 실험은 비교적 간단하게 수행할 수 있다. 생쥐의 뇌에서도 개구리 뇌와 비슷한 적응 과정을 확인할 수 있다. 만일 관련 신경 체계가 변화의 여지 없이 확고하게 설정되어 있다면, 일부 수염을 뽑았을 때 뇌 세포로 이루어진 술통 모양의 구조들 중 일부가 현저하게 결손될 것이다. 이러한 결손이 일어난다면 그 이유는 아마도 뽑힌 수염에 배정된 신경세포를 보존할 필요가 사라졌기 때문일 것이다.

하지만 실제로는 개구리에서처럼 모든 표적 영역이 여전히 사용되고 있음이 밝혀졌다. 수염을 뽑은 후 남아 있는 신경세포들로 이루어진 집단이 훨씬 더 커졌음을 확인했다. 신경세포로 이루어진 술통 모양의 구조들이 더 커져서 빈 공간을 채운 것이다.

이런 실험 조작을 사람에게는 할 수 없다. 그러나 이와 비슷한 일련의 변화들이 이탈리아의 한 소년에게 실제로 일어나는 비극이 있었다. 여섯 살 소년의 한쪽 눈이 멀었다. 의사들도 그 이유를 알지 못했다. 소년의 눈은 안과의사의 기준으로는 완전 정상이었다. 하지만 결국 수수께끼가 풀렸다. 소년이 아기였을 때 사소한 감염을 치료하기 위해 2주간 한쪽 눈에 반창고를 붙였던 사실이 밝혀졌다. 어른 눈에 반창고를 붙여도 뇌에는 영향이 없을 것이다. 이미 신경의 연결이 확립된 상태이기 때문이다. 그러나 출생 직후는 눈과 뇌 사이의 신경 연결 형성에 결정적인 시기다.

반창고를 붙인 눈을 담당하던 신경세포가 활동하지 않았기 때문에 이 세포들이 차지했을 표적 영역을 반대쪽 정상 눈에서 시작된 신경이 대신 차지한 것이다. 이것은 이미 개구리의 눈이나 생쥐의 수염에서 확인한 내용이다. 이 경우 뇌는 작동하지 않는 신경세포를 처음부터 아예 없었던 것으로 간주한다. 따라서 기능적으로 없는 것이나 다름없는 비활성 상태의 신경세포의 표적은 활발한 작용을 하는 다른 신경세포의 침입을 받은 셈이다. 결국 눈에 반창고를 붙인 것을 뇌가 잘못 해석하여 소년이 그 신경세포를 평생 사용하지 않으리라 굳게 믿어 버리는 비극이 일어난 것이다.

"사용하지 않으면 퇴화된다."는 규칙은 일반적으로 사람에게 유익하다. 그 이유는 작동하는 신경세포를 기준으로 신경 회로가 확립되고, 이것은 사람이 살아가는 환경적 요구를 반영하기 때문이다. 계속 커 가는 사람의 뇌에서 신경 회로를 이루는 국소적 요인에 대한 이러한 민감성은 매우 높다. 출생 후에도 발달이 계속되기 때문에, 쉬지 않고 부대끼는 뇌 세포들은 바깥 세계에서 일어나는 것은 무엇이든 반영하는 신경 회로들을 매우 왕성하게 형성한다. 16세가 될 때까지 계속해서 뇌 세포들 사이에 혈투가 벌어진다. 이 싸움은 연결을 확립하기 위함이다. 새로 생성된 신경세포가 표적 신경세포와 연결되지 못하거나 충분한 자극을 받지 못하면 결국 죽고 만다.

인간은 이런 식으로 환경과 상호 작용하기 때문에, 더 적절한 신경세포, 즉 가장 열심히 일하는 신경세포들이 점점 더 많이 연결되어 가장 효율적으로 신호를 전달한다. 그 결과 인간은 환경 속에서 생존하는 데 더욱 능수능란해진다. 특정 뇌 부위 안에서조차 일부 신경 회로는 다른 것보다 더 성장한다. 이 신경 회로는 전기적 활성이 가장 높을 뿐 아니라(3장 참조) 에너지를 저장하는 ATP를 생산할 화학 물질이 더 풍부하다는 점에서 화학적 활성이 가장 높다고 할 수 있다(1장 참조). 그 결과 뇌의 활성과 성장은 서로 손을 잡고 나란히 진행된다. 즉 "사용하지 않으면 퇴화된다."는 사실만 중요한 게 아니라 "가능한 많이 사용해야 한다."는 것도 중요하다그림 10.

정상 생활 방식이나 환경이 조금만 바뀌어도 신경 회로에도 변화가 생긴다. 예를 들어 한쪽 발을 들어서 수평과 수직을 구별할 수 있음을 나타내도록 단순한 훈련을 받은 고양이가 있다. 뇌를 조사해 보니 그 발의 감각과 관련된 피질의 특정 부위에서 신경세포 사이의 연결이 약 30퍼센트 증가했음이 확인되었다. 따라서 중요한 것은 바로 연결이며, 환경에서 오는 자극의 정도에 따라 신경세포들 사이에 연결이 형성되는 방식이 결정되고, 그 결과 개인의 기억이 결정되고, 개인이라는 존재가 결정된다. 이 마지막 과정은 다음 장에서 살펴볼 것이다.

신경 연결이 형성되는 과정에서, 기존의 수많은 신경 연결 중 일부가 선택적으로 제거된다는 것이 일반적인 견해다. 이것은 마

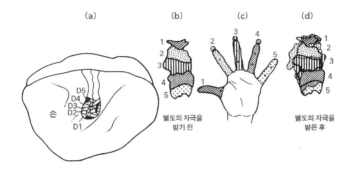

그림 10

경험에 대한 뇌의 끊임없는 적응. (a)에는 성숙한 원숭이의 다섯 손가락(D1~D5)이 촉각을 담당하는 '몸감각피질'의 두 인접한 영역에 표시되어 있다. (b)와 (d)는 (c)에 표시된 각각의 손가락이 배정된 신경세포의 분포 양상을 그린 것이다. (b)는 훈련받기 전이며 (d)는 훈련받은 후의 상태다. 훈련은 하루에 한 시간씩 둘째와 셋째 손가락을 사용해서 원반을 돌리는 것인데, 가끔 넷째 손가락도 사용한다. 석 달이 지난 (d)에서, 원반을 돌림으로써 별도의 자극을 받은 손가락을 담당하는 영역이 크게 넓어졌음을 알 수 있다.

치 조각을 하면서 필요 없는 대리석이나 화강암을 긁어내는 것과 같다. 비록 발생 과정에서 신경세포 사이의 수많은 연결이 사라져 버리는 것은 틀림없는 사실이지만 이러한 손실은 뇌의 급격한 성장을 상쇄하는 것 이상의 의미를 갖는다. 왜냐하면 그 연결이 얼마나 많이 사용되고 있는지, 즉 얼마나 활발한지에 따라 신경세포들 사이에 적절한 연결이 공고해지기 때문이다. 따라서 일반적 형태의 뇌가 존재한 후 변형되어 개개의 뇌가 되는 것이 아니다. 오히려 약 16년 동안 각각의 사람이 자라면서 뇌도 성장하는 것이다.

16세가 되면 마침내 뇌의 성숙이 완성된다. 이전 11년에 걸쳐 크기는 5퍼센트 증가했다. 성숙한 뇌는 발달 중인 뇌에 비해 덜 민감하지만 적응력이 아예 없어지는 것이 아니라 단지 조금 줄어들 뿐이다. 실제로 환경을 조작하면 성숙한 뇌에서도 장기적 변화를 관찰할 수 있다. 예를 들어 성숙한 쥐를 '자극이 풍부한 환경'에 노출시키는 실험을 할 수 있다. 자극이 풍부한 환경이란 장난감, 사다리 등의 놀것이 많은 환경을 뜻한다. 한편 다른 쥐들은 통상적인 우리에 가둔다. 즉 먹이와 물은 양껏 주지만 장난감은 없는 환경에 노출시킨다.

이 두 집단의 뇌를 검사한 결과, 자극이 풍부한 환경에서 사육한 쥐에서만 신경세포 사이의 연결이 증가했음이 밝혀졌다. 일반 우리에서 사육한 쥐에서는 늘어나지 않았다. 전체 신경세포의 수는 신경세포 사이의 연결만큼 중요하지는 않은 것으로 보인다. 또 연결은 발생 과정에서도 크게 변할 수 있을 뿐 아니라 성숙한 후에도 변화할 수 있다. 특정 경험을 거치면 고도로 특이적인 신경세포 회로의 연결성이 향상된다.

이런 종류의 연구는 그 사회적 의미가 명백해 보이기는 하지만, 사회적 파장에 유의해야 한다. 사람에게 자극이 풍부한 환경이란 단순히 더 많은 물건을 소유하고, 리듬에 맞춰 춤을 반복하는 것처럼 육체적으로 더 많은 활동을 하는 것이 아니다. 핵심적인 요인은 오히려 뇌의 자극이다. 쥐를 대상으로 실험한 결과 뇌에서 가장 큰 변화를 일으키는 요인은 단순한 육체적 활동이 아니라 학습과 기억임이 밝혀졌다. 자극이 풍부한 환경에서 뇌를 자극하기 위해서는 반드시 부자일 필요가 없다. 자극은 교실 밖에서의 생생한 대화, 친밀한 교제, 수수께끼 풀이, 끊임없는 독서 등에 의하여 자연스레 이루어질 수 있다. 어느 곳에 사느냐에 관계없이, 즉 대도시든 또는 멋진 해변이든 어디에서나 자극이 이루어질 수 있다.

이렇게 우리가 우리의 삶을 살듯이 우리 스스로 신경세포 사이의 연결을 형성하고, 그 결과 개인별로 독특한 뇌가 만들어진다. 그럼에도 불구하고 중년이 되면 성격이 완전히 정해진다. 아니 정해졌다고 생각하는지도 모른다. 중년이 되면 뇌에서 일어나는 일부 과정들이 분명히 조금 느려지기 시작한다. 젊은이들의 반응 속도는 더 빠를 것이다. 중년의 뇌는 여전히 발전하고 환경에 반응하지만, 특정 과정에 있어서는 속도가 느려진다. 한 예로 잠수 같은 새로운 기술을 익히는 속도가 느려진다. 젊다고 운전을 더 잘하는 것은 아니지만 배우는 속도가 더 빠른 것은 사실이다. 영국 자동차 운전 학원의 통계에 따르면, 운전을 배우는 데 걸리는 시간은 대략적으로 수강생의 나이에 비례한다.

사람의 뇌는 어떤 면에서는 계속 속도가 느려지지만, 다른 측면에서는 적응과 변화를 계속한다. 인간은 누구나 오래 살고 싶어 하며, 대부분 늙을 때까지 산다. 인간의 수명이 늘어나고 있음은 분명한 사실이다. 뇌를 연구해야만 하는 가장 시급한 이유 중 하나가 노인성 뇌 질환이 점점 더 중요해지고 있다는 것이다. 1900년에 인간의 평균 수명은 47세였으며, 인구의 불과 4퍼센트만이 65세 이후까지 살 수 있었다. 그러나 1990년에는 65세가 넘는 노인이 12퍼센트 이상으로 늘어났다. 2020년이 되면 인구의 20퍼센트를 차지할 것이다. 현재 우리가 양호한 건강 상태를 누릴 가능성은 다른 어떤 세대에 비해 더 높다. 양질의 식사, 개선된 의료, 육체적 건강에 관한 관심의 증가 같은 이유 덕분이다.

그런데 뇌의 무게가 감소하기 시작하는 때는 바로 이 노년기다. 90세가 되면 뇌의 무게가 약 20퍼센트 감소하며, 70세만 되도

5퍼센트가 줄어든다. 반면 남아 있는 신경세포들이 어느 정도의 역할을 대신할 수 있다. 그렇다면 뇌가 늙는 이유는 무엇일까? 여기에는 여러 가지 설이 있다. 그 예로 유전 정보를 고갈시키는 노화 유전자가 활성화된다는 설이나, 시간이 지나면서 갑자기 유전 정보가 무작위적으로 파괴되기 쉬워진다는 설이나, 활성은 없지만 해로운 단백질이 갑자기 생산된다는 설 등이 있다. 참담한 노인병인 알츠하이머병이나 파킨슨병의 원인은 아직 밝혀지지 않았다. 이 병은 뇌에서 신경세포가 집단으로 파괴되는 질환이다. 하지만 이 병은 노화의 자연적 귀결이 아니라 진정한 질환이라는 것을 명심해야 한다.

최근의 한 연구에 따르면, 알츠하이머병 환자 뇌의 특정 부위, 즉 내측 측두엽의 크기가 알츠하이머병 환자가 아닌 또래 사람들에 비해 절반 미만에 불과함이 밝혀졌다. 더 놀라운 사실은 이 부위가 얇아지는 속도가 정상 노인에 비해 알츠하이머병 환자에서 훨씬 더 빠르다는 것이다. 이렇게 알츠하이머병은 뇌에 비극이 되어 참담한 결과를 초래한다. 하지만 우리 모두가 이 병에 걸릴 운명을 타고난 것은 아니다.

하지만 정상 노인의 뇌 세포도 변한다. 자극을 받아들이는 부분인 수상돌기가 줄어든다는 주장도 있지만 이에 대해서는 아직 논란이 많다. 만일 이것이 사실이라면 우리의 정보 처리 능력이 감퇴됨을 뜻한다. 하지만 최근 연구에 따르면 노인도 여전히 엄청난 양의 정보를 처리할 수 있다. 나이가 많은 쥐도 자극이 풍부한 환경에 반응하여 새로운 연결을 형성할 수 있는 능력을 여전히 갖추고 있음이 이미 알려져 있다. 또 노인들의 문제 해결 능력이 떨어지고 정보 처리 속도가 약간 느려지지만, 나이가 들었다고 해서 학습 능력이 감퇴된다는 증거는 없다. 오히려 어휘는 향상된다. 정치인, 최고 경영자, 종교 지도자 등은 60대나 70대에 이르러 절정의 능력을 발휘하는 경우가 매우 흔하다. 고대 로마에서는 60세가 된 후에야 비로소 재판관이 될 수 있었다.

　　육체적 기준에서조차 우리 모두가 쇠약해질 운명을 타고났다고 생각할 근거는 없다. 힐다 크룩스(Hilda Crooks)라는 여성은 91세에 후지 산을 등정했다. 노년은 자아의 궁극적 표현이라고 할 수 있다. 다음 장에서는 육체적 존재로서의 뇌가 어떻게 사람의 개성을 결정하는지 알아볼 것이다.

5
마음의 주춧돌

개성이라는 것은 어떻게 만들어지는 것일까? 뇌만 가지고 남성의 뇌인지 여성의 뇌인지 알아맞히는 것은 어느 정도 지식만 있으면 가능한 일이다. 그러나 이 뇌의 주인이 친절했는지, 또는 유머 감각이 있었는지를 알기란 전혀 불가능하다. 1장에서 살펴본 것처럼 모든 뇌는 동일한 기본 원칙을 따라 구성되어 있다. 즉 감각 정보를 전달하는 신경이 있으며, 뇌에서 나와 근육을 수축시켜 운동을 일으키는 신경이 존재한다. 또한 뇌는 신경세포들로 구성되며, 이 신경세포들이 작동하는 신경 회로는 부분적으로 유전에 의해 형성이 결정되지만 환경의 영향도 크게 받는다. 특히 비교적 복잡한 뇌의 경우 환경의 영향을 매우 많이 받는다. 이러한 신경 회로는 어떤 과정을 거쳐 개인의 존재를 결정할까? 이 장에서는 이 주제에 대해 중점적으로 살펴보겠다.

일란성 쌍둥이는 동일한 유전자를 갖고 있다. 하나의 수정란이 둘로 분리된 후 각각 발생했기 때문이다. 그렇다고 이들을 동일한 사람이라고 할 수 있을까? 일란성 쌍둥이의 뇌를 MRI로 관찰하면, 뇌 영상의 전체 구조가 매우 유사함을 알 수 있다. 따라서 일란성 쌍둥이의 취향, 태도, 경험이 매우 비슷한 경우가 많은 것은 그리 놀랄 일이 아닐지 모른다. 그러나 동일한 환경에서 자란 보통 형제자매들의 경우, 취향이나 생각의 유사성이 쌍둥이만큼 높지 않다.

일란성 쌍둥이는 유전적으로 동일하지만 느낌과 생각이 분명히 달라서, 서로 다른 의식을 갖춘 개별적인 존재임을 나타내는 측면도 가지고 있다. 개성이 유전자로 설명될 수 없는 것이라면, 개성은 적어도 부분적으로 뇌의 다른 어떤 요인 때문에 구별되는 것이 분명하다. 그 요인은 한 수정란에서 자란 일란성 쌍둥이조차 공유하지 않는 그 무언가이다.

앞에서 뇌의 신경 회로를 형성하는 데 경험이 매우 중요한 요인임을 알았다. 어떤 음식을 먹을 때 기분 나쁜 사건을 경험했다면 그 후 비슷한 음식을 싫어하게 될 가능성이 높다. 더 단순한 예를 들면 모차르트의 음악을 들어본 사람만이 모차르트를 좋아한다고 이야기할 기회를 가질 것이다. 한 번도 경험하지 못한 일은 우리의 개성을 형성하는 데 참여할 수 없다. 따라서 여러 외국어를 구사할 수 있는 잠재력을 타고난 사람이라 할지라도 여러 언어에 노출될 기회가 전혀 없다면 언어 능력을 꽃피우지 못할 것이다.

개인의 독특한 뇌가 형성되는 과정은 10대 청소년 시기까지 가장 급격하게 일어나는 것으로 보이지만, 그 후에도 뇌가 완전히 굳어 버리는 것은 아니다. 우리의 개성은 계속 겪게 되는 경험에 대해 끊임없이 적응하거나 이를 회피한다. 이때 중요한 경험이라면 기억할 필요가 있다. 이렇게 개성의 본질은 기억과 적지 않은 관련이 있다. 개성의 본질적 근본이라는 신비에 접근하는 한 방법으로, 먼저 기억에 관해 생각해 보겠다.

기억이란 각각 뚜렷하게 구분되는 광범위한 과정들을 포함하는 포괄적 용어다. 문어와 사람의 기억 과정을 비교해 보자. 문어는 대략 물고기의 뇌에 비견될 수 있을 만큼 무척추동물 중에서 가장 큰 뇌를 가진 동물이다. 문어의 뇌는 약 1억 7000만 개의 신경세포로 구성된다. 이 숫자가 많아 보일지도 모르지만 사람의 신경세포가 약 1000억 개임을 감안하면 별 것 아닐 수 있다. 그럼에도 불구하고 학습과 기억에 관한 실험에 문어가 자주 이용되는데, 그 이유는 문어가 고도로 발달된 눈과 매우 예민한 촉수를 가지고 있기 때문이다. 실험 결과, 문어는 특정 색깔을 구별할 수 있으며, 각각의 색깔에 서로 다른 의미를 부여할 수 있음이 밝혀졌다. 예를 들어 새우를 주는 행위와 관련된 색깔의 공을 문어에게 보여 주면 기다렸다는 듯이 잡지만, 보상이나 혐오 자극과 짝을 이룬 적이 없는 다른 색깔의 공에는 전혀 반응하지 않는다.

공의 색깔과 새우를 연관시키는 단순한 유형의 기억은 어느 뜨거운 여름날 해변에 있던 기억이나 자전거를 타는 법, 또는 프랑스어로 '창'이 뭔지 기억하는 것과는 거리가 먼 듯 보인다. 기억이라는 일반 용어의 범주에 포함되는 뇌의 과정은 여러 종류로 뚜렷이 구분된다. 가장 기본적이고 익숙한 구분은 단기 기억과 장기 기억이다. 단기 기억은 몇 자리 숫자를 외우려 할 때 작동한다. 주의가 산만하지만 않으면 큰 문제가 없을 것이다. 대개 마음속에서 여러 차례 반복해서 외우면 되기 때문이다. 이 과정은 놀랍도록 미약해서, 평균 일곱 자리 숫자를 외울 수 있을 뿐이다.

단기 기억에 관한 가장 큰 의문 중 하나가 장기 기억과의 관련성이다. 덜 부자연스러운 종류의 기억인 장기 기억은 반복해서 외울 필요 없이 형성된다. 단기 기억과 장기 기억은 서로 나란히, 완전히 독립적인 방식으로 일어나는 것일까? 현재 시점 이전에 일어났던 일을 전혀 기억하지 못하는 환자가 종종 있다. 이 환자는 거의 완전한 기억 상실증을 보이지만 단기 기억은 정상인과 동일하다. 그렇다면 단기 기억과 장기 기억은 분명히 다른 과정이다. 그러나 단기 기억은 완전히 망가졌지만 장기 기억은 정상인 환자가 존재할 수 있을까?

단기 기억 장애는 연구하기 힘들다. 장기 기억은 한 단계만으로 이루어진 과정이 아니다. 2장에서 다른 뇌 기능에 관해 살펴본 것처럼, 장기 기억은 여러 양상으로 구분될 수 있다. 각각 다른 양상마다 그에 상응하는 유형의 단기 기억이 존재하는 것으로 보인다. 예를 들어 무의미한 단어에 대한 단기 기억이 부족한 아기는 익숙하지 않은 장난감 이름에 대한 장기 기억도 부족하다. 단기 기억과 장기 기억은 서로 독립적으로 나란히 일어나는 것이 아니라 연속적으로 작용하는 것으로 보인다. 먼저 단기 기억이 작동한다. 단기 기억은 일시적이고, 매우 불안정하며, 취약한 과정이기 때문에 더 영구적이고 잠재적인 장기 기억으로 이어지려면 주의 집중과 반복이 필요하다. 단기 기억 상태에서 제대로 반복하면 계속 집중하지 않아도 결국 전화번호를 외우게 된다.

예를 들어 전화번호나 건물 또는 금고의 비밀번호처럼 숫자에 의미가 있는 경우 단기 기억이 향상된다는 사실은 누구나 알고 있다. 어느 경우든 30분 정도 기억이 유지되면 적어도 며칠 동안은 잊지 않을 가능성이 높다. 뇌진탕에서 회복 중이거나 심한 우울증 치료를 위해 전기 충격 요법을 받은 환자는 약 1시간 전에 벌어진 일을 기억하지 못하는 경우가 많지만, 장기 기억은 계속 살아 있다. 이 경우 기억 과정의 첫 단계인 단기 기억만 손상된 것으로 보인다. 이렇게 정상 기억의 초기 단계가 손상되면, 그 결과 1시간 동안 일어났던 사건이 영구히 기억될 가능성이 사라진다.

단기 기억이 작동한 후 장기 기억에 전해진다. 그런데 장기 기억의 정확한 의미를 알아볼 필요가 있다. 포괄적 개념인 기억은 두 종류의 현상으로 뚜렷이 구분된다. 우리가 살아가면서 배우고 기억하게 되는 것은 매우 많다. 예를 들어 자동차 운전법, 프랑스 어로 "감사합니다."라는 말, 최종 월경일 등 다양하다. 이 모두가 기억의 종류별 예다. 그런데 이 세 가지 예 중에서 자동차 운전법이라는 기억은 좀 애매하다. 프랑스어로 "감사합니다."라는 말이 무엇인지와 같은 '사실', 그리고 최종 월경일이 언제인지와 같은 '사건'을 기억하려면 의식적이고 명시적인 노력을 계속 해야 한다. 반면에 자동차 운전은 대부분의 기술과 습관이 그러하듯이 거의 자동으로 이루어진다. 이러한 유형의 기억을 암묵적 기억(implicit memory)이라고 한다. 어떻게 해야 하는지 애써서 생각해 낼 필요가 없기 때문이다. 그냥 차에 올라타서 몰면 된다. 붉은색 신호등을 보면 발이 '자동으로' 브레이크를 밟는다. 이 과정과 반대로 사건과 사실에 대한 기억은 명시적 기억(explicit memory)이라고 부른다.

명시적 기억이 완전히 사라진 예 중에서 가장 유명하고 집중적으로 연구된 환자로 H. M.이 있다. H. M.은 심한 간질을 앓던 젊은 남자로, 발작과 함께 의식을 잃는 증상을 보였다. 간질 발작이 너무 자주 발생하여 정상 생활이 불가능할 정도였다.

1953년, 당시 27세이던 H. M.은 간질 발작을 치료하기 위해 뇌의 일부를 제거하는 수술을 받았다. 간질을 없애는 데는 성공했으나, 그 후로 다시는 이 수술이 시행되지 않았다. 그 이유는 H. M.에게 수술 전 약 2년 이전(1951년 이전)의 사건만을 기억할 수 있다는, 끔찍한 부작용이 일어났기 때문이다. 그는 수술이 끝난 이후로 계속 현재에 갇혀 있게 되었다.

H. M.의 정신 상태를 상상하기는 매우 어렵다. 그는 수술 후에 알게 된 친구나 이웃을 알아보지 못했다. 자신이 태어난 생년월일은 알고 있었지만 정확한 나이는 말하지 못했으며, 항상 자신을 실제보다 어리다고 생각했다. 밤이면 간호사에게 여기가 어딘지, 왜 자신이 여기에 있는지를 묻곤 했다. 또 어제 일어났던 사건을 재구성할 수 없었다. 그는 "내가 뭘 즐겼든, 무엇을 슬퍼했든, 매일 그날뿐이었다."라고 하소연했다. H. M.에게 어제는 존재하지 않았다.

그 결과 H. M.은 단순한 행위를 현재 이 자리에서만 할 수 있었다. 따라서 그에게는 진열장에 담배 라이터를 쌓는 것 같은 단순한 직업이 주어졌다. 그는 자신이 어디에서 일하는지, 무슨 일을 하는지, 매일 어느 길로 다니는지 설명하지 못했다.

하지만 H. M.은 여전히 숫자를 일곱 자리까지 기억할 수 있었다. 이는 단기 기억이 그 이후 단계인 장기 기억과 별개의 과정임을 의미한다. 더욱이 H. M.은 장기 기억 능력은 상실한 듯 보였지만 다른 유형의 기억 능력은 계속 가지고 있었다. 실제 H. M.은 반사경을 보면서 별을 그리는 등의 특정 운동 기술은 매우 훌륭히 수행할 수 있었다. 이 운동 기술은 말처럼 쉽지 않다. 반사경을 보면서 윤곽을 그려야 하기 때문이다. 이 기술은 자동차 운전이나 자전거 타기 등과 같이 감각과 운동의 조정 훈련을 요구하며, 연습을 통해 향상된다. 실제로 이 능력이 날마다 향상되었기 때문에 이런 유형의 기억, 즉 암묵적 기억은 사건에 대한 기억과 동일한 뇌 부위에서 처리되지 않음을 알 수 있다. 매우 흥미롭게도 H. M.은 별을 그리는 법을 배우는 사건 자체에 대한 기억, 즉 명시적 기억은 없었지만, 별을 그리는 능력, 즉 암묵적 기억은 크게 향상되고 있었다.

H. M.이 수술 전 2년과 수술 이후에 일어나는 사건을 기억하지 못했지만, 오래전 과거의 기억은 마치 호박 속에 갇힌 파리처럼 계속 유지되었다는 사실은 현재 우리가 논의하고 있는 내용과 잘 들어맞는다. 분명히 이 기억은 수술로 제거된 뇌 부위와 무관하다. 하나의 뇌 부위가 사실과 사건의 전체 기억 과정을 독점할 수 없음을 말해 준다. 오히려 한 부위에서 기억이 어떻게든 가공된 후 다른 부위에서 강화되는 것임에 틀림없다. H. M.의 경우 새로운 기억이 처음 처리되는 단계에서 손상이 일어난 것으로 생각된다. 따라서 이미 강화된 기억은 모두 안전하다. 2장에서 살펴본 것처럼 다양한 뇌 부위가 한 기능의 여러 측면을 담당한다.

H. M.의 뇌에서 제거된 부위는 측두엽(관자엽)의 중앙 부분이었다. 측두엽은 그 이름이 말해 주듯이 뇌의 양옆 면에서 귀 바로

위의 관자놀이 부근에 위치한다. 이 부위의 피질 속에는 해마 (hippocampus)라고 불리는 구조가 존재한다. 그리스어 hippocampus 는 '바다의 말'이라는 뜻인데, 모양이 해마(海馬)를 닮았다고 해서 붙인 이름이다. 하지만 나의 견해로는 피질 밑에 숨어서 뇌의 안쪽 면을 따라 둥글게 말린 숫양의 뿔 같은 구조가 해마라고 생각하는 게 가장 쉽다. H. M.의 사례가 보고된 후에도, 이 부위가 손상되면 기억이 형성되는 데 장애가 일어난다는 임상적 또는 실험적 증거가 계속 많이 밝혀졌다.

기억의 초기 강화라는, 더 구체적인 측면에서 볼 때 중요하다고 생각되는 또 하나의 뇌 부위가 있다. 바로 내측 시상(안쪽 시상, medial thalamus)으로서 감각 정보를 피질에 중계하는 데 매우 중요하다(2장 참조). 청각과 시각이 시상의 각각 다른 곳에서 처리되듯이, 기억을 담당하는 부위도 따로 정해져 있다.

펜싱 칼이나 당구채가 콧구멍 속으로 들어가서 내측 시상을 파괴한 황당하고 불행한 사고 덕분에 내측 시상이 기억에 관여한다는 사실이 밝혀졌다. 이 경우 사고를 당한 사람은 사건에 대한 기억 상실증을 보였다. 그러나 지금까지 살펴봤던 기억 상실증 환자들과는 달리 일시적으로만 증상이 나타난 경우가 많았다. 기억 상실이 일시적으로 나타난 것이었지만, 기억 상실이 지속되는 동안, 즉 아마도 내측 시상에 기능 장애가 있는 동안에 일어났던 사건은 영원히 기억하지 못하게 되었다. 따라서 내측 시상도 해마처럼 기억의 강화 과정에서 중요한 역할을 할 것이라고 추정된다.

근원기억 상실(source amnesia)은 사건이 언제 어디서 일어났는지 기억하지 못하는 현상이다. 공간 또는 시간에 기준이 없다면 사건은 차별화되지 못하며, 사건과 자신의 관련성도 인식하지 못한다. 근원기억 상실은 사실보다는 사건에 대한 기억에 일차적인 영향을 미친다. 사건이 독특하고 개인적인 일인 반면, 사실은 일반적인 것이며 시간이나 공간의 기준이 없기 때문이다. 사실과 사건 모두에 대한 기억은 해마와 내측 측두엽 모두가 정상이어야 하지만, 전전두피질이라는 또 다른 부위가 손상되면 사건에 관한 기억만 영향을 받는 것으로 보인다. 전전두피질은 1장에서 논의된 바 있다.

매우 흥미롭게도 전전두피질과 연결된 내측 시상이 손상된 경우에 기억의 시간과 공간을 분할하는 데에도 장애가 일어날 수 있다. 이것은 매우 특수한 장애다. 기억은 현시점의 말이나 생각에 적합하지 않을 때 정황에 맞지 않게 부적절하게 나타날 수 있다. 아마도 전전두피질은 사건이 기억되는 방식, 즉 언제 어디서 일어났는지뿐만 아니라 이 사건과 비슷한 시간이나 장소에서 일어났던 사건과의 연관성에도 어느 정도 영향을 미치는 것으로 보인다.

　어의적 기억(의미기억, semantic memory)에서의 사실이란 특정 시점이나 장소로부터 벗어났다는 점에서 삽화적 기억(episodic memory)의 사건과는 구별될 필요가 있다. 지난 여름 휴가 때 어느 날 밤 술집에서 술이 취해 분홍색 코끼리를 보았다고 가정하자. 분홍색 코끼리만 따로 떼어 생각하면 코끼리가 모두 분홍색이라는 일반적인 생각으로 귀착될 수 있을 것이다. 시간과 공간이라는 기준을 설정함으로써 사실을 개인적 사건으로 변화시키는 뇌 부위가 손상되면, 기억 자체가 파괴되는 것이 아니라 그 사건이 일어난 전후 관계로부터 사실이 분리될 수 있다. 그 결과 특정한 사건이 단순한 일반적 사실로 축소되어 시간이나 공간적으로 독특한, 그 사건만의 특성이 없어진다.

　이와 같이 사건의 기억에 시간과 공간을 배정하는 데 전전두피질이 필요하며, 또 1장에서 살펴본 것처럼 진화 과정에서 전전두피질이 선택적으로 크게 성장했음을 알 수 있다. 그렇다면 전전두피질이 매우 넓은 인간에서 사건에 관한 이런 유형의 기억이 매우 잘 발달되어 있으며, 다른 동물에서는 훨씬 더 미약할 것이라는 결론을 내릴 수 있다. 다른 동물에서는 아마도 사건에 대한 기억이 더 일반적 양상으로 나타나며, 특정 시간과 장소라는 제한이 적어지는 것으로 생각된다. 어느 봄날 고양이가 우유를 마신 후 뒷마당에서 쥐를 잡고 나무에 올라갔다면, 이 고양이는 쥐를 잡았다는 더 일반적인 기억을 희미하게 떠올릴 수는 있어도 그날이 정확히 언제인지 기억하지는 못할 것이다. 흥미롭게도 인간의 기억도 고양이처럼 일반적 유형의 기억에 흡사해지는 상황을 연출할 수 있다.

이 선구적 연구는 1900년대 중반 캐나다의 외과 의사 와일더 펜필드(Wilder Penfield)에 의하여 시도되었다. 펜필드는 뇌 수술을 받은 500명의 환자를 대상으로 이 연구를 시행했다. 놀랍게도 뇌 자체에는 통증을 감지하는 장치가 없었다. 따라서 환자가 의식을 유지한 상태에서 통증 없이 뇌를 노출시킬 수 있었다. 펜필드는 환자의 동의를 받은 후 수술을 하면서 기억의 저장에 관해 조사했다. 뇌의 표면이 드러난 상태에서 환자의 여러 피질 부위를 전기로 자극한 후 환자가 무엇을 경험했는지 말하게 하고 이를 기록했다.

놀라운 일이 아닐지 모르지만, 대부분의 경우 환자는 어떠한 새로운 경험도 보고하지 않았다. 그런데 조금 흥미로운 현상이 일어났다. 환자가 매우 생생한 영상을 기억할 수 있다고 보고한 것이다. 이 기억이 꿈과 비슷하다고 말하는 경우가 많았다. 이 기억은 일반화된 경험이었으며 정해진 시간과 공간적 기준이 없었다. 이것은 고도로 인위적인 상황에서 전기 자극으로 인해 멀리 떨어진 다른 필수 부위는 자극되지 않은 채 내측 측두엽의 일부분만이 자극된 결과로 추정된다. 이 멀리 떨어진 뇌 부위 중에서 특히 전전두피질이 사건의 기억이 일어나는 동안 작동한다. 전전두피질이 없다면 기억은 존재하되 더 희미해지고 덜 구체적이 된다는 사실을 다시 한번 확인할 수 있다. 이 기억은 아마도 펜필드의 환자가 경험한 꿈 같은 기억, 또는 정말 보통의 꿈을 닮았을 것이다. 어떤 이유에서건 전전두피질의 역할이 감소되어 꿈 같은 정신 상태가 유도된다면, 전전두피질이 덜 발달된 동물은 인간만큼 정교한 기억을 갖지 못할 것이라는 결론을 내릴 수 있다. 대신에 동물의 기억은 시간과 공간의 전후 관계가 결여된 고립된 사실일 것이다. 한 사건에 관한 '삽화적' 기억이 사실에 관한 '어의적' 기억으로 거의 바뀐 셈이다.

전전두피질은 작동 기억에서 중요한 역할을 하는 것으로 보이며, 이곳으로 유입되는 정보와 일어나는 행동은 전전두피질에서 내재화되고 개별화된 생각, 인식, 규칙, 일생 동안 계속 늘어나서 개인의 독특한 정신을 이루는 내적 자원의 영향을 받는다. 이 내적 자원은 폭발적으로 쏟아져 들어오는 감각 정보에 뇌가 충격을 받지 않도록 균형을 잡아 준다. 전전두피질의 손상은 정신분열병과 비교되는 경우가 많으며, 정신분열병의 부분적 원인으로 전전두피질의 기능 장애가 거론되고 있다(1장 참조). 정신분열병에서 공통적으로 뚜렷하게 드러나는 특징 중 하나로, 심사숙고하거나 경험에 입각해서 내적 자원을 해석하지 않은 채 외부 세계에 지나치게 신경을 쓰는 증상이 있다. 이 외부 세계는 지나치게 화려하고 시끄럽게 느껴지는 경우가 많다. 꿈 꾸는 사람, 정신분열병 환자, 사람 외의 동물은 공통적으로 비슷한 유형의 의식을 갖고 있다. 이 의식은 이전 사건에 대한 기억이 거의 없다는 특징을 갖고 있으며, 구체적 사건보다는 일반적 사실과 즉시 해결해야 하는 긴박함에 의하여 좌우된다. 만일 그렇다면 피니어스 게이지(1장 참조)가 전전두피질에 심한 손상을 입은 후 위의 여러 가지 이유 때문에 성격이 변했을 가능성이 있다.

지금까지 H. M. 등의 임상 증례를 통해, 해마와 내측 시상이 약 2년 동안의 사건과 사실에 대한 명시적 기억을 저장하는 데 중요한 역할을 담당함을 알 수 있었다. 펜필드의 연구에서 밝혀진 것과 같이, 이 장기 기억은 어떤 과정을 거쳐 측두엽에 '저장'된다. 한편 해마와 내측 시상 모두와 연결되어 있는 전전두피질은 사실을 시간과 공간의 전후 관계에 맞도록 조정함으로써 한 사건이 다른 사건과 혼동되지 않고 기억될 수 있도록 보장한다.

　이제 사실이나 사건이 어떻게 뇌에 저장되는지 알아보자. 앞서 기술한 바와 같이 시상과 해마가 손상되어도 과거 사건의 기억이 살아남을 수 있지만 이 기억도 파괴될 수 있다. 내측 측두엽이 제거된 H. M.의 기억 상실 증상을 다른 종류의 기억 상실 환자와 비교하는 것이 도움이 된다. 이 다른 종류의 기억 상실 환자는 만성 알코올 중독으로 인한 기억 장애를 갖고 있다. 과음으로 인한 여러 가지 위험 중 티아민(비타민 B_1) 섭취 부족과 관련된 질병인 코르사코프 증후군(Korsakoff's syndrome)이 있다. 이 증후군 환자에서는 H. M.에서 나타났던 기억 장애, 즉 수술 후에 일어났던 모든 것을 기억하지 못하는 전향기억 상실(anterograde amnesia)뿐 아니라 입원하기 전에 일어난 모든 것을 기억하지 못하는 역행기억 상실(retrograde amnesia)이 나타난다. 심하면 발병하기 전의 일도 기억하지 못한다.

전향기억 상실과 역행기억 상실의 차이점은 1970년대에 시행된 한 연구에서 밝혀졌다. 코르사코프 증후군 환자는 1930년대와 1940년대 유명인의 얼굴을 알아보는 능력이 H. M.보다 떨어졌다. 코르사코프 증후군 환자의 기억에 관해 연구할 때 겪는 어려움은, 기억 장애를 다른 종류의 장애와 구별하기가 어렵다는 것이었다. 알코올 중독자에서 나타나는 뇌 손상은 매우 광범위해서 기억 외에도 장애를 입는 사고 과정이 많다. 이 증후군 환자의 뇌에는 H. M.과 달리 넓은 피질 부위를 포함한 다양한 부위에 광범위한 손상이 나타난다.

그렇다면 기억이 최종적으로 저장되는 특정 뇌 부위가 존재하느냐는 의문에 도달한다. 생리학자인 칼 래슐리(Karl Lashley)는 1940년대에 그 해답을 찾고자 노력했다. 래슐리는 쥐를 훈련시켜 미로에서 기억 과제를 수행시켰다. 그 다음 다양한 피질 부위를 제거한 후 기억이 저장되는 곳을 확인할 수 있는지 조사했다. 그런데 놀랍게도 특정 뇌 부위와 특정 기억의 저장 사이에는 연관성이 없었다. 부위에 관계없이 더 넓은 피질이 제거될수록 쥐의 기억 과제 수행 능력이 저하되었다. 따라서 전체 피질이 기억 저장에 중요한 역할을 담당하는 것으로 보인다.

기억이 단순히 저장되는 것이 아님을 시사하는 펜필드의 임상 실험 결과도 래슐리의 동물 실험 결과를 뒷받침한다. 즉 기억은 뇌에 직접 쌓이지 않는다. 펜필드의 연구에서 알 수 있듯이, 기억이란 일련의 몽롱한 꿈에 가깝다. 따라서 기억 자체는 비디오 테이프에 저장된 고도로 정확한 기록이 아니며, 컴퓨터 메모리와는 전혀 다르다는 문제에 봉착하게 된다. 또 다른 문제는 펜필드가 동일 부위를 자극해도 매번 다른 기억이 일어났다는 점이다. 반대로 다른 부위를 자극했음에도 불구하고 동일한 기억이 일어날 수 있다. 이 현상을 뇌의 기능에 근거해서 명쾌하게 설명한 사람은 아직 없다. 그러나 펜필드가 동일한 곳을 자극할 때마다 서로 다른 신경 회로가 자극되었으며, 각 신경 회로가 서로 다른 기억을 담당했을 가능성이 있다. 이와 유사하게 펜필드가 다른 곳을 자극했을 때, 자극의 유발점은 다르지만 이전에 자극했던 회로를 다시 한번 자극했을 수도 있다. 그 유발점의 위치와 상관없이 동일한 회로가 자극되면 동일한 기억이 일어날 것이다.

펜필드의 실험 결과로 미루어, 기억은 중복된 신경 회로들과 어떤 관련이 있음을 알 수 있다. 한 신경세포가 서로 다른 수많은 신경 회로의 일원일 수 있다. 즉 신경 회로 사이의 차이를 결정하는 것은 신경세포의 구체적인 조합일 것이다. 각 회로마다 한 가지 기억 현상에 기여하기 때문에, 한 신경세포나 한 가지 목적을 가진 신경세포 집단만이 기억의 전체 과정을 담당하지 않는다. 오히려 기억은 분산되어 있다. 생화학자인 스티븐 로즈(Stephen Rose)는 병아리가 자신의 본능에 반하여 낱알을 쪼지 못하게 훈련시키는 실험을 한 결과, 기억은 분산되어 존재한다는 결론을 내렸다.

간단히 말해서 로즈는 병아리의 뇌가 서로 다른 낱알의 특징, 즉 색깔에 대한 크기 등의 특성을 처리하고 기억한다는 것을 발견했다. 3장에서 다룬 시각의 형성 과정에서 배운 바와 마찬가지로, 대상에 대한 시각적 기억도 병렬적으로 저장된다. 기억은 한 부위에만 저장되는 것이 아니라 여러 부위에 걸쳐 분포한다. 기억되는 대상의 종류와 그것이 유발하는 정황적 연관성에 따라 서로 다른 수준의 신경 회로가 전체 피질에 걸쳐 분배된다. 래슐리가 거의 모든 피질이 어떻게든 기억 과정에 함께 작용한다는 결론을 내린 이유를 쉽게 이해할 수 있다.

먼저 기억이 피질에서 강화되는 실제 과정에 대해 알아보자. 모든 유형의 기억은 먼저 고도로 한시적이고 분리 가능한 단기 기억 단계로 들어가지만, 단기 기억은 기껏해야 30분 정도만 지속된다. 반대로 어릴 때 겪었던 일은 모두 완벽하게 기억했지만 수술 전 2년간의 일은 전혀 기억하지 못했던 H. M.의 충격적 증례가 있다. 해마와 내측 시상이 기억을 공고히 하려면 몇 분이 아니라 상당히 오랜 시간이 걸린다.

해마와 내측 시상에서 몇 년에 걸쳐 피질과 연계하여 기억이 저장되는, 즉 해마나 내측 시상이 파괴되어도 기억이 유지되는 과정에 대해 정확히 아는 사람은 아무도 없다. 한 가지 설명으로, 원래 서로 관련이 없던 요소들이 사건이나 사실에 대해 처음으로 함께 모여서 기억을 이룬다는 주장이 있다. 연관성이 없었던 이질적 요소들이 서로 관련을 맺고 함께 전체적인 기억으로 결합하게 만드는 것이 해마와 내측 시상의 역할이라고 추정된다. 이 과정에는 낱알의 색깔 대 모양에 대해 연구한 로즈의 실험에서 알 수 있듯이, 다양한 부위의 피질이 참여한다. 따라서 이렇게 멀리 떨어진 다양한 신경세포 집단이 하나의 연결망을 형성하여 작동하려면 어떤 절차가 필요할 것이다.

기억을 담당하는 피질의 신경 회로망이 처음에 제대로 연결되어 작동하는지는 해마, 내측 시상, 그리고 피질 사이에 진행되

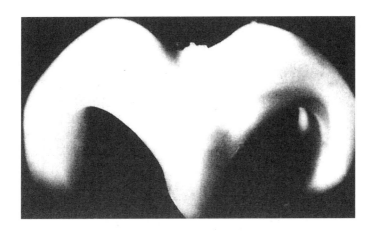

그림 11
쥐의 해마. 쥐의 뇌를 해부하여 분리한 것이다.

는 정보 교환에 따라 결정된다고 생각할 수 있다. 그러나 신경 회
로망이 여러 해에 걸쳐 자리를 잡으면서 해마나 내측 시상 등의 피
질밑 구조가 점차 덜 중요해지고, 그 결과 이미 확립된 기억은 해
마의 상태와 전혀 상관없이 해방되어 이상 없이 남게 된다. 이는
H. M.의 사례에서 확인할 수 있다. 이를 건축용 비계에 비유할 수
있다. 건물을 짓는 동안에 비계를 제거하면 건물이 붕괴될 것이

다. 그러나 일단 건물이 완공되면 비계를 제거해도 된다.

　　사건이나 사실에 관한 명시적 기억은 피질과 특정 피질밑 구조 사이의 초기 정보 교환에 따라 결정되며, 아마도 기술과 습관의 저장, 즉 암묵적 기억에서도 동일한 과정이 적용될 것이다. 생각하지 않고 순서를 기억하거나 적절한 순서에 따라 어떤 운동을 하는 등의 특정 습관은 내측 측두엽이 손상된 기억 상실 환자도 적절히 수행할 수 있다. 그러나 파킨슨병이나 헌팅턴무도병 등과 같은 기저핵 질환으로 고생하는 환자(2장 참조)는 사실과 사건을 기억하는 데에는 별 문제가 없는 대신, 여러 운동이 적절한 순서를 따라 연결된 습관적 행위를 할 수 없는 문제점을 보인다. 또 여러 차례 반복해서 순서를 보여 주어도 한 운동 다음에 무슨 운동이 있는지 분간하지 못하는 문제점을 보인다. 정상인이라면 은연중에 기억할 순서인데도 말이다.

　　습관적 행동의 대표적인 예는 적절한 시점에 적절한 운동을 하는 능력이다. 헌팅턴무도병 환자는 운동을 정황에 맞게 할 수 없다. 예를 들어 이 환자의 특징인 팔을 내던지는 듯한 운동은 야구공을 던질 때 적합할지 몰라도 슈퍼마켓에서는 부적합하다. 반면에 파킨슨병 환자는 운동을 순서대로 할 수 없다. 순서가 더 복잡할수록, 예를 들어 일어서거나 뒤로 도는 운동을 하면 장애가 심해진다. 기저핵이 손상된 이 두 가지 서로 다른 질환에서 암묵적 기억 체제의 착오가 일어나는데, 운동을 하는 습관에서 각각 정황과 순서라는 서로 다른 측면에서 장애가 일어난다.

기저핵이 암묵적 기억과 관련된 유일한 뇌 부위는 아니다. 기억 과제 중 일부는 이 단원을 시작할 때 살펴본 문어가 그랬던 것과 조금 비슷하게 조건화(conditioning) 과정을 포함한다. 즉 공이라는, 과거에 무의미했던 자극을 가해도, 일단 이 자극이 새우라는 의미 있는 자극과 연관된 후에는 반응이 유발된다. 근육이 즉시 수축해야 하는 특정 유형의 조건화 과정은 소뇌의 조절을 받는다는 것이 현재의 견해다(1장과 2장 참조). 예를 들어 토끼나 사람은 모두, 바람을 훅 부는 것과 같이 눈을 깜박이게 하는 자극과, 종 소리라는 눈을 깜빡이는 것과는 무의미했던 자극을 연관시키면, 종 소리에도 눈을 깜박이도록 조건화시킬 수 있다.

습관과 기술을 담당하는 뇌 구조는 사실과 사건의 명시적 기억을 담당하는 곳과 다르다는 것을 알 수 있다. 결정적인 차이점이 이 구조들의 본질에 있을 뿐 아니라 이 구조와 피질의 관계에도 있다. 내측 시상과 해마는 피질과 서로 밀접하게 연결되어 있는 반면, 기저핵과 소뇌는 피질과 그다지 밀접하게 연결되어 있지 않다. 헌팅턴무도병이나 파킨슨병 모두에서 핵심적인 위치에 있는 선조체는 피질에서 정보를 받아들이지만 피질에 직접 정보를 전달하지는 않는다. 이와 비슷하게 소뇌는 피질에 간접적으로 연결되어 있으며 전혀 직접적으로 연결되어 있지 않다. 따라서 이 뇌부위들은 명시적 기억을 담당하는 부위와 달리 어떤 의미에서 더 자율적으로 활동하는 경향이 있다. 즉 주의나 의식적 노력 없이 수행되는 암묵적 기억 같은 작용 말이다. 이러한 작용은 의식적 주의 집중에 핵심적인 역할을 한다고 알려진 피질에 계속 보고될 필요가 없다. 일단 기저핵에 있는 내재적 촉발 장치나 소뇌를 통해 유입되는 감각 정보에 의하여 운동이 자동적으로 일어날 수 있게 되면 피질은 해방되어 사실과 사건을 기억하는 명시적 기억 등과 같은 다른 기능에 전념할 수 있다.

기억이 여러 가지 과정으로 세분되고, 서로 다른 뇌 부위의 조합이 각 과정을 담당한다는 것은 이미 살펴보았다. 그러나 이 모든 기억 과정에 공통적으로 가장 불가사의한 난제가 존재한다. 90년이면 인체를 구성하는 모든 물질들이 이미 몇 차례 바뀌고도 남을 시간인데, 90년 전에 일어난 사건을 기억하는 사람도 있다. 기억을 매개하는 장기적 변화가 뇌에서 꾸준히 일어난다고 가정해 보자. 그렇다면 그 변화는 어떻게 지속되는 것일까? 뇌 부위에 상관없이, 경험의 결과가 어떻게 신경세포에 영구적 변화를 각인할 수 있는지도 궁금하다.

지금까지는 하향식 연구법을 이용하여 기억에 관해 살펴보았다. 그러나 이 마지막 질문을 해결하려면 상향식 연구법을 적용해야 한다. 모든 기억 과정에 존재하는 시냅스를 상상해 보자. 다시 말해 과거에 서로 무관했던 요소들을 연관시키는 가장 단순한 형태의 기억에 관해 생각해 보자. 더 간단하게, 두 신경세포를 생각해 보자.

우선 기억이 일어나는 동안 과거에 연관이 없었던 두 신경세포가 동시에 작용하고, 동시에 일어난 그 작용이 결국 장기적으로 지속되는 결과로 나타날 것이다. 이 장기적 결과는 각 세포가 작용했던 기간보다 훨씬 더 길 것이다. 이에 대한 설명 중에서는 시각심리학자인 도널드 헵(Donald Hebb)이 1940년대에 제시한 것이 가장 이해하기 쉽다. 들어오는 세포 X가 매우 활발히 작용하여 표적 세포인 Y를 흥분시키면, X와 Y 사이의 시냅스가 강화된다고 그는 주장했다. 여기에서 강화란 이 시냅스가 Y에 연결되는 또 다른 시냅스에 비해 화학 신호 전달에서 더 효율적으로 작용한다는 것을 뜻한다. 이 설명은 다른 장에서 발생에 관해 설명할 때 나온, 가장 열심히 일하는 신경세포가 가장 효율적인 연결을 형성한다는 내용과 일맥상통한다. 여기에서 가장 열심히 일하는 신경세포는 바로 X 세포이다.

연결 강화 방식에 관해 더 최근에 제시된 두 번째 설명은, 강화된 연결이 표적 세포 Y를 직접 포함하지 않고 또 다른 세포인 Z를 이용한다는 것이다. Z 세포는 X 세포가 Y 세포에 신호를 전달하기 전에 X 세포에 영향을 미친다. 따라서 이 설명에서의 강화 과정은 헵의 설명처럼 '시냅스후' 단계가 아니라 '시냅스전' 단계에서 일어난다. 만일 Z와 X가 동시에 작용하여 Z가 X의 작용에 신경 조절(3장 참조)을 일으키면, 더 많은 신경 전달 물질이 최종 표적에 방출될 것이다. X와 Z가 동시에 작용할 때에만 X가 Y에 더 많은 신경 전달 물질을 분비한다그림 12.

이 대안은 바다에 사는 민달팽이인 군소(아플리시아, Aplysia)에서 가장 효과적으로 증명되었다. 군소는 신경계가 아주 단순하다는 장점이 있는데, 심지어 신경세포마다 이름이 붙어 있을 정도다. 군소의 단순한 신경계에서는 상향식 접근과 하향식 접근을 접

목시키는 데 어려움이 없다. 신경세포들로 구성된 신경 회로가 작
용하면 직접 행동으로 표현된다. 한 예를 생각해 보자. Z라는 신경
은 위 설명에서 Z에 해당되며, 꼬리에서 정상 혐오 자극에 반응하
여 감각 신경(X에 해당)에 영향을 미친다. 이 감각 신경은 양성 자극
에 반응하는 신경이다. 감각 신경은 군소의 아가미를 쑥 들어가게

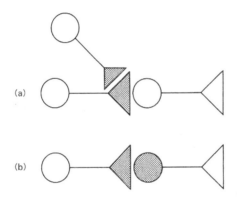

그림 12
신경세포가 경험에 적응하는 과정을 간단하게 설명하는 그림. 유입되는 세포의 작용이 표시되어
있다. (a)는 군소, (b)는 포유류 뇌에서의 과정을 나타낸 것이다. (a)에서는 한 신경세포가 다른
신경세포에 끼어들 때 이 두 세포가 동시에 작용하여 더 많은 양의 신경 전달 물질이 표적 세포에 분
비된다. (b)에서는 음영으로 표시한 바와 같이 이미 활성화된 세포는 더 강한 자극에 더 효율적으
로 반응할 수 있다.

만드는 운동 신경(Y에 해당)에 직접 연결된다.

　본래는 무의미했던 자극을 감각 신경에 가했을 때 아가미가 쑥 들어가도록 군소를 조건화시킬 수 있다. 이것은 앞에서 종 소리라는 자극에 반응하여 눈을 깜박이도록 조건화할 수 있었던 것과 비슷하다. Z와 X가 동시에 작용할 때, 즉 양성 자극과 혐오 자극이 동시에 일어날 때 Z는 X에서 일련의 화학 반응이 일어나도록 유도하여 결국 칼륨 통로가 닫히게 한다(3장 참조). 그 결과 양이온인 칼륨 이온이 나가지 못하면 세포막 안팎의 전압은 더욱 양성이 된다. 이렇게 형성된 전압은 칼슘이 세포 속으로 들어갈 특수한 통로가 열리는 데 필요한 전압의 크기와 정확히 일치한다. 칼슘 이온이 더 많이 세포 속으로 들어갈수록 더 많은 양의 신경 전달 물질이 방출된다(3장 참조). 감각 신경 X에서 운동 신경 Y에 분비되는 신경 전달 물질이 많아진다는 것은 이 운동 신경이 더 열심히 일하고, 그 결과 아가미가 쑥 들어가는 운동이 더 활발해짐을 의미한다. 신경 X는 Z의 작용이 중단된 후에도 계속 이렇게 증강된 상태를 유지할 수 있다. 즉 행동이 조건화된 것이다.

　이와 비슷하게 포유류의 뇌에서도 기억에 관여하는 여러 뇌 부위에 존재하는 수많은 시냅스 중에서 열심히 일하는 시냅스라면 어느 것이나 강화될 가능성이 높다. 이 이론을 실현 가능하게 할 것이라고 생각되는 중추적인 방식은 장기상승 작용(long-term potentiation, LTP)이라 불린다. LTP는 NMDA(*N*-methyl-*D*-aspartate)라는 특정 종류의 수용체의 까다로운 특성을 이용함으로써 작용한다. NMDA 수용체는 글루탐산염(glutamate)이라는 특정 전달 물질과 결합한다. 3장에서 설명한 더 일반적인 가설과는 달리, 이 수용체는 다음 두 조건이 충족될 때 이온 통로가 열리도록 촉발한다. 첫째 조건은 시냅스전 신경세포도 활성화되어 문제의 신경 전달 물질이 방출된 후 그 수용체에 결합해야 한다는 일반적 조건이다. 이 경우 신경 전달 물질은 글루탐산염이다. 둘째 조건은 이미 표적 세포가 평상시보다 더 양성 전압 상태여야 한다는 독특한 조건이다. 이 까다로운 수용체는 이 두 가지 요구 조건이 충족될 때에만 다량의 칼슘이 표적 세포 속으로 유입되게 한다.

　이 두 요구 조건은 다음 두 가지 방식 중 하나를 거쳐 동시에 작용이 일어날 때에만 충족된다. 그중 한 가지는 시냅스로 들어오는 두 세포들이 동시에 작용함으로써 각 세포가 두 요구 조건 중 하나씩을 충족하는 방식이다. 한 세포가 글루탐산염을 분비하고, 다른 세포가 다른 신경 전달 물질을 분비함으로써 전압이 더 양성이 되도록 유도한다. 두 가지 요구 조건을 충족시키는 두 번째 방식은 글루탐산염을 분비하는 세포만으로 족하다. 처음에는 이 까다로운 통로가 열리지 않는데, 그 이유는 글루탐산염이 분비되더라도 그 세포의 전압이 정상이기 때문이다. 글루탐산염은 일반적인 방법대로 덜 까다로운 유형의 글루탐산염 수용체에 작용할 뿐이다. 이 글루탐산염의 분비가 지속되면, 덜 까다로운 유형의 수용체가 활성화된 결과로 표적 세포의 전압이 더 양성이 되고, 그 결과 둘째 요구 조건이 만족된다. 이어서 까다로운 글루탐산염 수용체가 통로를 열어서 칼슘 이온이 세포 속으로 들어오게 한다. 그러므로 시냅스로 들어오는 세포들이 지속적으로 작용하거나 동시에 작용하는 두 경우 모두에서 표적 신경세포의 장기적 반응에 변화가 일어나게 된다.

이렇게 시냅스로 들어오는 신경세포들의 작용이 지속되거나 동시에 일어나는 현상이 기억 과정에서 일어날 수 있다. 이어서 다량의 칼슘 이온이 표적 세포 속으로 들어와서 일련의 화학 반응이 다시 시작되고, 그 결과 또 다른 화학 물질이 분비된 후 시냅스를 거슬러 시냅스전 세포로 들어가서 훨씬 더 많은 신경 전달 물질이 분비되도록 작용한다. 이어서 표적 세포의 활성이 훨씬 더 증가되고 시냅스가 강화되는 수준에 이른다. 강화된 시냅스의 시냅스전 세포가 다시 자극될 때는, 조금만 자극되어도 반응은 더 크게 일어난다. 이 현상은 군소의 아가미가 쑥 들어가는 작용이 향상되는 것과 약간 비슷하다. 이를 상승 작용(potentiation)이라고 부른다.

이러한 유형의 현상이 단기 기억을 설명할 수도 있다. 그러나 알다시피 단기 기억은 1시간 이상 지속되지 않는다. 인간의 기억이 반영구적이려면 더 영구적인 변화가 세포 수준에서 일어나야 한다. 포유류 뇌의 LTP는 군소에서의 상승 작용처럼 필요 조건이지만 충분 조건은 아니다. 기억의 저장 과정에서처럼 신경 전달 물질의 분비가 향상된 상태로 지속되면, 단기적으로 더 강력하고 강화된 반응이 일어나기 위해서는 신경 전달 물질이 시냅스 건너편의 표적 세포에 신호를 전달하는 것만으로는 부족하다. 활성이 장기간 향상된 결과로 표적 세포 속에서 일어나는 현상에도 실질적인 변화가 있어야 한다.

단지 기존의 화학 물질이 더 많이 분비되는 것만으로는 영구적 변화가 일어날 수 없음이 분명하다. 특정 효소가 저절로 활성화되고, 그 때문에 시냅스의 효율이 증가된다 하더라도, 이 물질들의 수명은 몇 분에서 몇 주에 불과하다. 기억이 형성되는 동안 세포 속에서 어떤 현상이 일어나는지는 여전히 대부분이 풀리지 않는 수수께끼로 남아 있지만, 하나둘 진상이 드러나고 있다. 군소와 포유류 뇌의 LTP에서 공통적으로 일어나는 기본적 현상은 신경세포 속으로 칼슘이 유입되는 것이다.

칼슘이 유입되면 최단 30분 후에 어떤 단백질이 작용하여 특정 유전자가 활성화된다. 이 단백질의 수명은 짧지만 이 유전자의 산물이 다른 유전자를 활성화시킬 수 있으며, 이 유전자는 다양한 방법을 통해 발현됨으로써 매우 오랜 기간 동안 신경세포를 변화시킬 수 있다. 신경세포 속에서 유전자가 활성화된 결과로 신경 전달 물질의 효율이 증가되거나, 수용체의 수가 늘어나거나, 아니면 수용체가 이온 통로를 여는 효율이 증가될 수도 있다. 그러나 유전자 발현을 통하여 신경세포가 변화하는 또 다른 방식은 훨씬 더 급진적으로 나타난다.

앞 장에서 살펴보았듯이 경험의 주된 결과는 신경세포의 수가 아니라 신경세포들 사이의 연결이 변화되는 것이다. 쉽게 말하면 경험이 많을수록 연결이 많아진다고 할 수 있다. 현재 특정 과제를 훈련한 지 1시간 이내에 특정 중요 단백질이 작용한다는 것이 알려져 있다. 이 단백질의 두 가지 대표적 예가 접착제 역할을 하는 세포 부착 분자와 또 다른 그럴듯한 이름의 성장 관련 단백질 (growth-associated protein) GAP-43이다. 세포 부착 분자는 신경세포를 인식하거나 신경세포 사이의 접촉을 안정화하는 데 중요한 것으로 보인다. 세포 부착 분자가 뇌에서 만들어질 때 특정한 당류가 세포 부착 분자에 첨가된다. 만일 어떤 약물을 투여하여 당류가 합쳐지지 못하도록 막으면 기억 상실이 일어나는 것으로 보아 세포 부착 분자가 기억에 중요한 역할을 하는 것을 알 수 있다.

GAP-43은 기억을 담당하는 단백질의 또 다른 예로서, 그 이름이 시사하듯 신경세포의 성장에 관여한다. GAP-43은 성장원뿔 (4장 참조)에 포함되어 있으며, 신경세포에서 축삭이 자라나올 때 빠른 속도로 합성되는 것으로 알려져 있다. LTP가 일어날 때 GAP-43이 합성되는 것은 분명하다. 그러므로 기억 과정에서 시냅스가 강화되는 동안 칼슘이 세포 속으로 들어오면 신경세포 사이의 시냅스가 증가하고 강화될 것이라고 추론할 수 있다. 이러한 시냅스의 증가와 강화는 아마도 각각 GAP-43과 세포 부착 분자를 통해 일어날 것이라고 추정된다.

이런 방식을 통해서 새로운 시냅스가 형성된다. 새로운 시냅스의 형성이란 발생 과정에서 뇌가 환경의 변화를 가장 뚜렷하게 반영하는 방식이다. 우리가 살아가면서 경험에 대해 적응하는 과정, 즉 기억 과정이 뇌의 발생 과정을 반복한다는 것은 그리 놀라운 일이 아니다.

신경세포들 사이의 연결이 증가하면 기억이 형성된다. 그렇다면 그 과정을 어떻게 설명할 수 있을까? 이 질문에 답하기는 어렵다. 왜냐하면 그 답은 포유류의 뇌에서 세포 수준의 상향식 접근과 기능에 관한 하향식 접근 사이의 간격을 이어 주는 것이기 때문이다. 이제 수많은 신경세포에서 일어나는 미세 구조의 변화를 기억이라는 거시적이고 현상학적인 세계에 연관시키는 법을 알아볼 필요가 있다. 군소에서는 특정 신경 회로의 작용이 아가미가 쑥 들어가는 물리적 행동으로 표현되는 과정이 비교적 간단하다. 그러나 인간의 뇌에서 특정 기억에 의한 행동이 구체적으로 어떤 신경 회로 때문이라고 규정지을 수 없다. 그럼에도 불구하고, 기억 과정의 일부 특징을 살펴보면 신경세포들 사이의 연결이 중요함을 알 수 있다. 비록 그 연결이 매우 복잡하고 현재로선 자세히 알 수 없지만 말이다.

기억할 대상을 연상되는 무언가에 접목시키면 쉽게 기억할 수 있다는 사실은 잘 알려져 있다. 예를 들어 숫자(10)를 매우 친숙한 민요(「아리랑」)에 나오는, 쉽게 떠올릴 수 있는 무언가("10리도 못 가서")와 관련시키면 이 숫자를 쉽게 기억할 수 있다. 또 다른 전략은 물품 구매 목록 같은 항목들을 한 방의 여러 곳에 분산시키는 것이다. 예를 들어 초코바를 문에 붙여 놓고, 버터를 책상 밑에 두고, 우유는 책상 위에, 녹차는 싱크대에 넣어 두는 것이다. 기억을 향상시키는 또 다른 방법은 기억해야 할 사건이 일어났던 정황과 동일한 상황에 자신을 두거나 상상하는 것이다. 지난 여름 방학 때 대화를 나눴던 소녀의 이름을 기억하기 위해 그 여름 해변에 자신이 있다고 상상하는 것이 그것이다. 이 기억법을 좀 더 고차원적으로 변형하여, 각각의 기억이 일어날 때마다 등장하는 다른 대상들, 예를 들어 선탠 로션, 수건, 색안경 등을 상상할 수 있다. 이 모든 경우에서 기억을 강화하기 위해 최대한 많은 연상을 만들어 내거나, 또는 회상할 때 이러한 연상을 이용할 수 있다.

대부분의 사람은 3세 이전에 일어났던 일을 기억하지 못한다. 이런 현상은 단순히 시간의 길이만을 기준으로 설명할 수 없다. 3세 이후에 일어난 일이라면 약 90년 동안도 기억할 수 있기 때문이다. 더구나 어린이들도 어릴 적부터 습관과 기술을 기억할 수 있다. 따라서 문제가 되는 것은 명시적 기억뿐이다. 반면 5개월 된

아기도 명시적 기억을 할 수 있다고 주장하는 학자들도 있다. 아기에게 두 가지 물건을 함께 보여 주면, 예전에 봤던 물건보다 새로운 물건을 더 자주 본다는 것이다. 만 한 살 미만의 아기도 그 전날 다른 아이들이 하던 놀이를 단 한 번만 보고서 따라할 수 있다.

따라서 어린 아기에서도 단순한 유형의 명시적 기억이 일어날 수 있는 것으로 보인다. 이것은 아기의 해마와 내측 시상이 분명히 작동함을 뜻한다. 성숙과 관계된 더 유력한 용의자는 피질이다. 피질의 신경세포가 많은 연결을 형성할 수 없다면 아기의 명시적 기억이 별로 강력하지 않음을 뜻한다. 만 3세가 지나면 피질의 신경세포 사이의 연결이 늘어나기 때문에 경험으로부터 얻을 수 있는 지식의 범위가 더 넓어지고, 그 결과로 기억할 항목을 더 많은 경험적 지식에 관련시킬 수 있기 때문에 기억이 가능해진다.

이상과 같이 기억을 향상시키는 전략과 그 실례에는 여러 가지가 있지만 기본적 주제는 기억할 항목과의 관련성을 이용하는 것으로 모두 동일하다. 이 관련성은 신경세포 수준에서 단순히 단일한 신경세포들을 일대일로 서로 연결하는 것을 뜻하지 않는다. 그러나 복잡성이 서로 다른 신경 회로들이 펼치는 다양한 상호 작용의 범위 내에서, 변화는 지금 우리가 논의하고 있다시피 연결에 대한 수정에서 시작된다고 요약할 수 있다. 장기 기억이 일어나면 시냅스전 신경 종말의 수가 늘어나고, 기억이 일어날 때 새로운 연결이 형성됨은 이미 알려진 사실이다. 사람의 뇌가 가진 물질적 특성과 현상학적 특성 사이의 인과 관계는 아직 확립되지 않았다. 그러나 지금도 이 두 가지 특성 사이에 어떤 상관 관계가 있음은 잘 알고 있다. 기억은 여러 얼굴을 가진 다단계적 존재다. 기억은 뇌의 단순한 작용 이상이다. 왜냐하면 기억은 주위 세계를 매우 독특한 방식으로 해석하는 데 필요한 개인의 내적 자원을 소중히 보호하고 있기 때문이다. 또한 기억은 뇌에 관한 우리의 짧은 여정을 끝내기에 좋은 장소이다. 기억은 마음의 주춧돌이기 때문이다.

미 래 를
향 하 여

앞에서 뇌를 연구하는 과학자들이 직면하고 있는 여러 질문들 중 일부를 살펴보았다. 1장과 2장에서 여러 개의 작은 뇌들이 모여 어떤 작용을 하는 것이 아니라 여러 뇌 부위들이 다양한 기능을 담당하며 어떤 작용을 병렬 처리함을 알았다. 그러나 서로 다른 뇌 부위에서 운동이나 시각 같은 하나의 전체적 기능이 일어나는 과정과, 그 전체적 기능이 각각의 합보다 더 큰 이유에 대해서는 아무도 알지 못한다.

3장에서는 뇌의 구성 방식을 살펴보았다. 뇌의 기본 구성 요소인 신경세포 자체는 이미 대부분의 신경과학자에게 친숙한 존재지만, 신경세포가 작동하는 방식을 들여다보면 여전히 놀랍기만 하다. 1970년대에는 뇌의 모든 기능이 흥분(모든 신경세포에서 활동 전위의 수치를 증가시킴)과 억제(활동 전위의 수치를 감소시킴)라는 기본 과정에서 비롯된다는, 신앙에 가까운 믿음이 뇌 연구 분야에 전파되었다. 그 결과 신경 전달 물질이 쓸 데 없이 많은 것처럼 여겨졌다. 오늘날에야 비로소 이 신경 전달 물질의 작용이 얼마나 복잡한지를 진정으로 깨닫고 있다. 신경세포의 반응 양상을 약간 변화시킨다는 신경 조절의 개념은 생물학적 활성 물질의 다양성에 비례하여 여전히 광범위하게 연구되고 있다. 3장에서 다룬 도파민, 노르아드레날린, 아세틸콜린 등이 뇌간에서 분수처럼 퍼져 나가기 때문에 이러한 신경 조절 기능을 제대로 수행하고 있다. 이 분수 같은 신경 조절 작용이 뇌의 전반적 기능과 어떤 관련이 있는지를 밝혀내는 것이 앞으로의 과제다. 실제로 이 신경 조절 작용을 이용하여 기분을 전환하는 약물을 개발하고 있다.

4장에서는 이전 장에서 언급되었던 시냅스들이 사람의 성장 과정에서 훨씬 더 복잡한 신경 회로를 형성하고, 이 신경 회로들이 진화하여 독특하지만 감수성이 높은 개인으로 자란다는 것을 살펴보았다. 신경세포가 신경교세포 모노레일에서 하차해야 하는 시점을 어떻게 알고 최종 목적지로 찾아가는지, 함께 특정 신경 회

로를 이룰 신경세포를 어떻게 찾아내는가 하는 구체적인 의문들
은 앞으로 해결되어야 할 과제다. 반면에 완벽히 불가사의한, 더
추상적인 수수께끼들도 있다. 뇌가 발생하는 과정에서 언제 개성
이 형성되는가? 신경 회로에서 시작하여 한 사람의 의식이 만들어
지는 과정은 어떻게 진행되는가? 태아는 무엇을 의식할 수 있을
까? 나는 태아의 의식이 의식의 단계 중 최하위에 있다는 한 가지
가설을 제시했지만, 이를 증명할 길은 없다.

　　5장에서 기억에 관해 다룰 때 의식과 정신의 육체적 근거에
관한 수수께끼는 훨씬 더 어려워졌다. 신경과학자들이 기억에 관
해 연구한 결과 두 가지 큰 논쟁거리가 생겨났다. 하나는 하향식
접근법을 상향식 접근법에 접목할 수 있느냐는 것이다. 바다 민달
팽이에서는 생화학적 작용이 아가미가 쑥 들어가는 등의 기억 가
능한 행동으로 표현될 수 있었다. 그러나 더 고도로 발달된 포유류
의 뇌에서는 신경세포의 어떤 작용이 기억의 필요충분 조건인지
를 증명할 수 없었다. 그 이유는 기억이란 서로 나란히 작용하는
수많은 뇌 부위에서 드러나는 특성이기 때문이다. 그러므로 하향
식 체제는 상향식 체제만큼 타당하다. 두 접근법이 함께 짜여져서
하나의 종합적인 해답이 나온 후에야 비로소 인간의 기억이라는

화려한 무늬의 융단을 이해하려는 시도가 가능할 것이다.

기억에 관해 연구하면서 제시된 두 번째 큰 주제는 뇌와 마음 (정신)의 관계라는, 아마도 가장 어려운 문제일 것이다. H. M.의 증례에서 알 수 있듯이 기억은 분명 뇌라는 육체적 존재의 산물이지만, 더 명확하게 드러나는 감각이나 운동 기능에 비하면 마음의 한 측면으로 간주될 뿐이다. 마음을 탐구하는 한 방법으로, 마음을 1장과 5장에서 논의된 내적 자원과 동일시할 수 있다. 기억, 편견, 경험이 축적된 내적 자원은 매일 쏟아져 들어오는 감각 경험에 대응하여 마음의 균형을 잡아 준다. 또한 단순한 뇌, 정신분열병, 꿈 등에서 이러한 균형 능력이 감퇴된다. 이런 맥락에서 볼 때, 마음이라는 것은 평생 이루어지는 육체적 존재로서의 뇌가 발달과 적응의 과정을 통해 개별화된 것이라고 생각할 수 있다. 4장에서 살펴본 것처럼 뇌가 더 복잡할수록 더 뚜렷한 개성과 덜 진부한 마음이 형성될 가능성이 높다.

앞에서 의식에 관해 논의할 때 고려되었던 연속성의 개념으로 돌아가 보자. 육체적 존재의 뇌가 개인별로 표현된 것이 마음이라고 본다면, 마음과 의식의 관계는 어떤 것일까? 마음은 의식이 있을 때에만 실현될 수 있다는 것이 나의 주관적 견해다. 어찌 되었건 잠이 들면 의식을 잃지만 마음을 잃지는 않는다. 그러나 의식이 없는 상태라면 마음은 무의미하다. 그러므로 의식은 특정한 마음, 개인화된 뇌가 직접 체득한 일인칭적 경험으로 간주될 수 있다. 의식은 마음에 생명을 부여한다. 신경과학자에게 의식은 궁극의 수수께끼다. 의식은 개인의 가장 사적인 영역인 것이다.

의식의 주관적 경험이라는 이 궁극의 수수께끼는 모든 순수 과학적 검토, 즉 객관적 사실의 검토를 끝내기에 좋은 곳이다. 현재로선 이 모든 주제들을 결코 해결할 수 없을 것처럼 보이지만, 그동안 신경과학자들은 흥미롭고 핵심적인 사실들을 여럿 밝혀냈다. 그중 일부는 이 책에서 소개하기도 했다. 반드시 풀어야 할 문제가 무엇인지 서서히 드러나고 있으며, 기대하는 해답이 어떤 것인지 조금씩 깨닫고 있는 중이다. 1970년대 이후로 놀라운 발전이 이룩되고 있다. 그러나 우리의 모험은 이제 막 시작되었을 뿐이다.

참고 문헌

Blakemore, C. B., and S. A. Greenfield. *Mindwaves: Thoughts on Intelligence, Identity and Consciousness* (Oxford: Basil Blackwell, 1987)

Bloom, F. E., and A. Lazerson. *Brain, Mind, and Behavior* (New York: W. H. Freeman and Co., 1988).

Churchland, P. S., and T. J. Sejnowski. *The Computational Brain* (Cambridge: MIT Press, 1992).

Corsi, P. (ed.). *The Enchanted Loom* (Oxford: Oxford University Press, 1991).

Crick, F. *The Astonishing Hypothesis: The Scientific Search for the Soul* (New York: Macmillan Publishing Co., 1994).

Goldstein, A. *Addiction: Form Biology to Drug Policy* (New York: W. H. Freeman and Co., 1994).

Greenfield, S. A. *Journey to the Centers of the Mind: Toward a Science of Consciousness* (New York: W. H. Freeman & Co., 1995).

Kolb, B., and I. Q. Whishaw. *Fundamentals of Human Psychology*, 3rd ed. (New York: W. H. Freeman and Co., 1990).

Levitan, I. B., and L. K. Kazmarek, *The Neuron: Cell and Molecular Biology* (New

York: Oxford University Press, 1991).

Oswald, S. *Principles of Cellular, Molecular, and Developmental Neuroscience* (New York: Springer-Verlag, 1989).

Pinel, J. P. J. *Biopsychology*, 2nd ed. (Boston: Allyn and Bacon, 1993).

Rose, S. *The Making of Memory: From Molecules ot Mind* (London: Bantam Press, 1992).

Scott, A. *Stairway to the Mind* (New York: Springer-Verlag, 1995).

Shepherd, G. S. *Neurobiology* (Oxford: Oxford University Press, 1983).

Smith, J. *Senses and Sensibilities* (New York: John Wiley and Sons, Inc., 1989).

Zeki, S. *A Vision of the Brain* (Oxford: Blackwell Scientific, 1993).

사이언티픽 아메리칸 문고

Barondes, S. H. *Molecules and Mental Illness* (1993).

Hobson, J. A. *Sleep* (1989).

Posner, M. I., and M. E. Raichle. *Images of Mind* (1994).

Ricklefs, R. E., and C. E. Finch. *Aging: A Natural History* (1995).

Snyder, S. *Drugs and the Brain* (1986).

그림 출처

그림 1 M. A. 잉글랜드(M. A. England)와 J. 위클리(J. Wakely), 『뇌와 척수의 색채 도보(*A Colour Atlas of the Brain and Spinal Cord*)』(London: Wolfe Publishing Ltd., 1991).

그림 2 『마법의 베틀(*The Enchanted Loom*)』에서 인용.

그림 3 『마음의 중심을 향해 떠나는 여행(*Journey to the Centers of the Mind*)』.

그림 4 영국 자연사 박물관 제공.

그림 5 페넬라 피크 제공.

그림 6 『신경세포(*The Neuron*)』.

그림 7 C. 블랙모어(C. Blackmore), 『마인드 머신(*The Mind Machine*)』(BBC Books, 1988).

그림 8 《사이언티픽 아메리칸(*Scientific American*)》, 1979년 10월호.

그림 9 J. L. 커넬(J. L. Conel), 『사람 대뇌 피질의 생후 발달(*The Post-Natal Developement of the Human Cerebral Cortex*)』 vol 1(Cambridge: Harvard University Press, 1939).

그림 10 E. 캔들(E. Kandel)과 R. D. 호킨스(R. D. Hawkins), 『마음과 뇌(*Mind and Brain*)』(New York: W. H. Freeman & Co., 1993).

그림 11 닉 롤린스(Nick Rawlins) 제공.

그림 12 O. 폴센(O. Paulsen) 그림.

찾아보기

가

가로막(횡격막) 122

각성 수준 92~101, 141

간뇌(사이뇌) 82

간질 193

갈, 프란츠 26~28

갈레노스 21 151

갈바니, 루이지 112

감각신경로 75

감각 장애 37

감각피질 90

감마선 55

개체 발생 152~153

게이지, 피니어스 43~45, 201

겹눈 78

계통 발생 152~153

골상학 28~32, 58~59

골지 염색 108

골지, 카밀로 107~108, 119

공간 능력 장애 37

공감각 90~91

과분극 115

교감신경계 166

교통반(틈새이음) 128

국소순서적 배열 175

군소 212~214, 217~218, 220

그레셤, 토머스 12

그리스인 20~22

근원기억 상실 197

글루탄산염 215~216

기능 장애 45

기능적 자기공명영상검사(기능적 MRI) 57~58

기억법 220~221

기억 상실증 191, 196

기억 장애 49

기저핵(바닥핵) 68, 71~74, 150, 209

꿈 96~98

나

난자 148

날록손 137

내림신경로 164

내부신호 164~165

내측시상(안쪽시상) 196~197, 201,
　202, 206~207, 209, 222

내측측두엽 184, 197, 200, 208

노르아드레날린 139~140, 225

노인병 19

뇌간(뇌줄기) 23, 35, 65~66, 136, 140,
　142

뇌실 25, 151

뇌의 발생 148~160

뇌의 10년 20, 25

뇌의 주름 153~154

뇌의 크기 33~34

뇌의 형태 22~25

뇌졸중 10, 26, 48~49, 51, 82, 140

뇌진탕 192

뇌척수액 21~22, 151

뇌파도(뇌전도, EEG) 93~97, 111, 134

니코틴 134~135, 139

다

다발성경화증(다발경화증) 118

단기 기억 190~192, 194, 206

단기 기억 장애 191

대뇌 반구 23, 150~151

대뇌피질 92

대식세포(큰포식세포) 156

덮개 175

데카르트, 르네 100

도파 46

도파민 46~47, 140, 225

돌고래의 뇌 154

돌연변이 157

동공 78, 167~168

뒤쥐의 뇌 34

디노르핀 137

라

래슐리, 칼 203~205

래퍼티, 데이비드 101

레보도파 47

렘수면(REM 수면) 95~98

로돕신(시홍) 80

로봇 131

로즈, 스티븐 205~206

뢰비, 오토 123

리독, 조지 83

마

막대 세포(간상 세포) 80~81

막소폰, 플라이슐폰 93

말초신경 36

말피기, 마르첼로 25
망막 78~79, 81~82, 85, 89, 159
매클린, 폴 32~33
맹금류의 시각 79
맹점 79, 82
멍게 62~63
멜라닌 46~47
멜라토닌 100~101
명시적 기억 193, 195
모니즈, 에가스 42
몸감각계통 75
몸감각피질 36~37, 45, 75~76, 89
문어의 뇌 189~190
미세아교세포 156
미주신경 123

바
바빈스키 징후 163~164
반사 반응 16, 48, 64, 161
방사선 동위 원소 55
배아원반 149
백질(백색질) 42
베르거, 한스 93
베르나르, 클로드 122
베르니케 실어증 30
베르니케, 카를 30
베크, A. 93
베타 수용체 167

변연계 33
보어, 닐스 132
보조운동영역 72~73
보행 반사 164
부교감신경계 166~167
부시, 조지 20
부신수질(부신속질) 166
브로카영역 29~30
브로카, 폴 29

사
사이신경세포 155
삼위일체 뇌 이론 33
삽화적 기억 198, 200
상승 작용 217
상실배(오디배) 148
상향식 접근법 111~112, 132~133,
   211, 220, 226
색채 감각 81
색채 감각 장애 83~85
선조체(줄무늬체) 47, 71~72
성상교세포(별아교세포) 156
성장 관련 단백질(GAP-43) 219
성장원뿔 173, 219
성장 인자(NGF) 173~174
세로토닌 141~144
세포막 113~114
세포밖바탕질(세포외기질) 156

세포부착분자 159,219

세포체 108~111,115~117,120,154

셰링턴, 찰스 61~62

소뇌 23,35,68~70,72~74,151~153,
157~158,209~210

속세포덩이 149

솔기핵(봉선핵) 142

송과체 100

수면의 기능 98~99

수상돌기(가지돌기) 109~111,
115~116,118,120,126

수색중심와 79

수용체 125~126,130,134,139,144,
215

수정 148

수정란 169

수정체 78

수초(말이집) 118,161~162

슈푸르츠하임, 가스파르 28

시각 78~89

시각장애 87~88

시각중추 74,82

시각피질 36,82,85

시냅스(연접) 120~129,132~133,137,
143~144,171,211,214~216,217,
219,225

시냅스전 단계 212

시냅스전 신경세포 215~216

시냅스후 단계 212

시상 82

시신경 79

시신경 섬유 82

신경계 25

신경 고랑 150

신경관 150~151,154~155,165

신경교세포(아교세포) 155~158,225

신경 능선 165

신경세포의 발생 171~175

신경 연결 형성 177~185

신경 전달 물질 80,124~130,133~135,
137~141,159,212,216~217,225

신경 조절 129~130,141,225

신경판 150,165

신장 반사 64

실명 87~88

아

아데노신삼인산(ATP) 54,179

아드레날린 166

아메리카너구리 163

아세틸콜린 123~125,134~135,
139~140,168,225

아트로핀 169

아편(모르핀) 104,135~137,139

안구 82

안정 전위 115

알츠하이머병 19, 52, 184
알코올 중독 202~203
알크마이온 21
알파파 94
암묵적 기억 193, 195, 209
암페타민 140~141
양작용 개념 26
양전자 55
양전자 방출 단층 촬영술(PET) 55~58
어의적 기억(의미기억) 198, 200
언어 장애 49
언어 중추 30
얼굴인식불능증 88
에라시스트라투스 21
H. M.의 증례 193~196, 201~203,
   206~207
엑스선 촬영법 49~53
엑스타시(MDMA) 141~143
엔도르핀 137~139
엔케팔린 104~105, 137~138, 144
엘리자베스1세 12
역행기억 상실 202~203
연결 강화 방식 211~212
연합영역 45
연합피질 38~39, 90~91
영장류 65, 162
영혼의 불멸성 20~22
오름신경로 164

외측전운동영역 72~73
요추천자(허리천자) 21
우울증 19, 46, 144, 192
운동신경로 65~66, 74
운동 장애 64, 71
운동 중추 68, 72
운동피질 45, 48~49, 66~68, 75,
   161~163
움켜잡기반사(파악반사) 161
원뿔세포 80~81, 83
위버 마우스 157
윌리스, 토머스 68~70
의식 227~228
이드 32
이온통로 113~117, 126, 214
인식불능증(실인증) 84
인지 과정 38
일란성 쌍둥이 188

자
자기뇌파검사(MEG) 58
자아 32
자율신경계 165~166
작동기억 43~44
작동기억 수행 장애 44
장기 기억 190~192, 194, 202
장기상승 작용(LTP) 215~219
잭슨, 존 31~32

전기 충격 요법 192

전두백질 절단술 42~43, 45

전두엽 42~45

전산화 단층 촬영술(CT) 51~53

전자 현미경 119, 130

전전두피질(이마앞겉질) 39, 42, 44~45,
　197~198, 200~202

전향기억 상실 202~203

접합자 148

정신분열병 10, 44, 46, 91, 98, 141, 201,
　227

정자 148

제키, 세미르 84, 87

조건화 과정 209, 214

중독 134~144

중심와(중심오목) 79

지용성 중간층 114

진통 효과 103~104, 136, 138

진화론 147

집게 운동 162

차

척수 21, 35~36, 64~65, 74~76, 89,
　103, 105, 151, 162~165

청각 중추 74

청각피질 36, 89

초자아 32

촉각 75~76

추적중심와 79

축삭 109~111, 118, 120, 142, 161,
　171~175

축삭 종말 120, 124, 172

측두엽(관자엽) 195, 202

침술 103~104, 138

침팬지 39~40, 159, 170

카

카할, 라몬이 119~120

컴퓨터와 뇌의 차이 131~132

케이튼, 리처드 93

코끼리의 뇌 크기 34

코르사코프 증후군 202

코카인 139~140, 143

큐라레 122

크로마뇽인 98, 170

크룩스, 힐다 185

타

탈분극 115

태아의 뇌파도 94~95

태아의 의식 168~170, 226

통증 102~105

티아민 202

파

파킨슨, 제임스 46

파킨슨병 19, 46~47, 71, 74, 184, 208, 210

패러데이, 마이클 11, 113, 147

펜필드, 와일더 199~200, 202, 204

포배(주머니배) 149

표적 신경세포 125~126, 128, 134, 137, 178, 217

프로이트, 지그문트 31

프로작 143

프로프라놀롤 167

플루랭스, 장 피에르 마리 25~26

피스케, 존 147

P 에너지 93

피질(겉질) 33, 35~38, 72~74, 76, 87, 90~91, 132, 150, 153~154, 161, 179, 199, 205~206, 209~210, 222

피질판 158

하

하스, 에릭 87

하향식 접근법 112, 132~133, 211, 220, 226

학습 131

항우울제 143~144

해마 196~197, 201~202, 206~207, 209, 222

햄스터 163

행위상실증 37

헉슬리, 올더스 152

헌팅턴무도병 71~72, 208, 210

헤로인 135~139

헤로필로스 21

헤모글로빈 57

헵, 도널드 211

혈관조영상 51~53

형성성(가소성) 48~49

호흡 중추 136

홍채 반응 167~168

활동 전위 115~117, 124, 126, 225

효소 127, 217

후부두정엽 38

후부두정엽피질 37~38, 45

흑색질(흑질) 46~47, 71~72

흥분 발사 117

흥분파 120

히로히토(일본 전국왕) 62

옮긴이 **박경한**

서울 대학교 의과 대학을 졸업하고 동 대학원에서 신경 해부학 전공으로 의학 박사 학위를 받았다. 현재 강원 대학교 의학 전문 대학원 교수로 재직하고 있다. 『스넬 임상신경해부학』, 『Barr 인체신경해부학』, 『무어 핵심임상해부학』, 『새 의학용어』, 『사람발생학』, 『마티니 핵심해부생리학』 등의 전문 의학 서적과 『인체 완전판』, 『임신과 출산』, 『휴먼 브레인』, 『인체 원리』 등의 교양 과학 서적을 번역했다.

사이언스 마스터스 06
휴먼 브레인 | 수전 그린필드가 들려주는 뇌과학의 신비

1판 1쇄 펴냄 2006년 10월 10일
1판 4쇄 펴냄 2019년 1월 9일

지은이 마틴 리스
옮긴이 김혜원
펴낸이 박상준
펴낸곳 (주)사이언스북스

출판등록 1997. 3. 24.(제16-1444호)
(06027) 서울특별시 강남구 도산대로1길 62
대표전화 515-2000 팩시밀리 515-2007
편집부 517-4263 팩시밀리 514-2329
www.sciencebooks.co.kr

한국어판 ⓒ (주)사이언스북스, 2005. Printed in Seoul, Korea.

ISBN 978-89-8371-940-9 (세트)
ISBN 978-89-8371-946-1 03400

사이언스 마스터스

『사이언스 마스터스』를 읽지 않고 과학을 말하지 마라!

사이언스 마스터스 시리즈는 대우주를 다루는 천문학에서 인간이라는 소우주의 핵심으로 파고드는 뇌과학에 이르기까지 과학계에서 뜨거운 논쟁을 불러일으키는 주제들과 기초 과학의 핵심 지식들을 알기 쉽게 소개하고 있다.

전 세계 26개국에 번역·출간된 사이언스 마스터스 시리즈에는 과학 대중화를 주도하고 있는 세계적 과학자 20여 명의 과학에 대한 열정과 가르침이 어우러져 있다. 과학적 지식과 세계관에 목말라 있는 독자들은 이 시리즈를 통해 미래 사회에 대한 새로운 전망과 지적 희열을 만끽할 수 있을 것이다.

01 섹스의 진화   제러드 다이아몬드가 들려주는 성性의 비밀

02 원소의 왕국   피터 앳킨스가 들려주는 화학 원소 이야기

03 마지막 3분   폴 데이비스가 들려주는 우주의 탄생과 종말

04 인류의 기원   리처드 리키가 들려주는 최초의 인간 이야기

05 세포의 반란   로버트 와인버그가 들려주는 암세포의 비밀

06 휴먼 브레인   수전 그린필드가 들려주는 뇌과학의 신비

07 에덴의 강   리처드 도킨스가 들려주는 유전자와 진화의 진실

08 자연의 패턴   이언 스튜어트가 들려주는 아름다운 수학의 세계

09 마음의 진화   대니얼 데닛이 들려주는 마음의 비밀

10 실험실 지구   스티븐 슈나이더가 들려주는 기후 변화의 과학